PHP 微网站开发实例教程

主 编 耿永利 孙振楠

北京理工大学出版社
BEIJING INSTITUTE OF TECHNOLOGY PRESS

内 容 简 介

本书从后台服务器端研发人员的角度进行选材，重点阐述 PHP 语言、MySQL 数据库、PHP 面向对象编程、开源 PHP 框架等方面的知识。从学生认知规律的角度将教学内容分为 6 个教学单元：PHP 程序开发基础、PHP 函数与数据处理、MySQL 数据库、面向对象编程、Laravel 框架、综合项目实战。通过 PHP 微网站开发实例教程的学习，读者可逐步建立和掌握微网站设计的思想方法，具备分析问题和解决问题的能力，能够使用 PHP 脚本语言编写微网站页面解决实际问题。

版权专有　侵权必究

图书在版编目（CIP）数据

PHP 微网站开发实例教程 / 耿永利，孙振楠主编． －－北京：北京理工大学出版社，2021.10（2021.11 重印）
ISBN 978－7－5763－0614－9

Ⅰ.①P… Ⅱ.①耿… ②孙… Ⅲ.①PHP 语言－程序设计 Ⅳ.①TP312.8

中国版本图书馆 CIP 数据核字（2021）第 220409 号

出版发行 /	北京理工大学出版社有限责任公司
社　　址 /	北京市海淀区中关村南大街 5 号
邮　　编 /	100081
电　　话 /	（010）68914775（总编室）
	（010）82562903（教材售后服务热线）
	（010）68944723（其他图书服务热线）
网　　址 /	http://www.bitpress.com.cn
经　　销 /	全国各地新华书店
印　　刷 /	三河市天利华印刷装订有限公司
开　　本 /	787 毫米 × 1092 毫米　1/16
印　　张 /	10.5
字　　数 /	242 千字
版　　次 /	2021 年 10 月第 1 版　2021 年 11 月第 2 次印刷
定　　价 /	36.00 元

责任编辑 / 王玲玲
文案编辑 / 王玲玲
责任校对 / 刘亚男
责任印制 / 施胜娟

图书出现印装质量问题，请拨打售后服务热线，本社负责调换

前言

一、Web 前端开发

Web 前端开发行业是伴随 Web 兴起而细分的行业，从招聘网站分析，Web 前端用人数量已经远远超过主流编程语言 Java、ASP 和 iOS 等的开发人员的数量。Web 前端开发常用于微信小程序、微信公众号、智能终端页面、手机与电脑端网站、新媒体等项目开发中。Web 前端工程师需要有一个充分健全的知识布局体系，拥有内容的深度和广度，拥有企业实际项目开发经验。为贯彻落实《国家职业教育改革实施方案》，积极推动学历证书＋若干职业技能等级证书制度，进一步完善计算机软件行业技术技能专业标准体系，为技术技能人才教育和培训提供科学、规范的依据，工业和信息化部教育与考试中心依据当前计算机软件行业发展的实际情况，编写了《Web 前端开发职业技能等级标准》。在标准中对 Web 前端开发（中级）的要求做了明确说明，要求中级具备的主要职业能力包括：具有前端新知识、新技能的学习能力和创新创业能力；具备网站规划与建设能力；具备关系型数据库设计与管理能力；具备网站响应式开发能力；具备数据交互能力。

通过 PHP 微网站开发实例教程的学习，读者可逐步建立和掌握微网站设计的思想方法，具备分析问题和解决问题的能力，能够使用 PHP 脚本语言编写微网站页面来解决实际问题。

二、结构

本书从后台服务器端研发人员的角度进行选材，重点阐述 PHP 语言、MySQL 数据库、PHP 面向对象编程、开源 PHP 框架等方面的知识。从学生认知规律的角度将教学内容分为 6 个教学单元：PHP 程序开发基础、PHP 函数与数据处理、MySQL 数据库、面向对象编程、Laravel 框架、综合项目实战。

单元一 PHP 程序开发基础主要讲解 PHP 的发展历史、语言特性、开发环境的搭建过程，项目创建、编辑、运行及测试方法，以及数据类型、常量和变量、运算符、流程控制语句等。

单元二 PHP 函数与数据处理是 PHP 语言的重要组成部分，主要从函数、数组的定义入手，讲解 PHP 中函数的调用、数组应用、字符串应用、文件与目录等知识。

单元三 MySQL 数据库主要讲解 MySQL 数据库的发展历史及特点，MySQL 服务器的启动、连接和关闭。

单元四面向对象编程主要讲述面向对象的概念，常用关键字，面向对象的继承、重载与封装三大特性，类的抽象与接口技术等内容。

单元五 Laravel 框架介绍 PHP 开发过程中框架的使用方法，通过常用框架的对比、Laravel 框架的搭建，为后面综合项目的实施做准备的同时，带领学生领略使用框架带来的便利。

单元六综合项目实战通过购物网站，综合考查学习者对本书内容的掌握程度及融会贯通能力。

三、特点

本书以职业标准体系为依据，基于"1＋X 证书"制度的"课证融合"教材的内涵，既符合专业教学标准的要求，又覆盖"Web 前端开发中级职业技能等级证书"要求。教材开发遵循以下原则：一是以软件技术专业教学标准为依据，细化 Web 前端开发证书培养目标；二是以国家职业技能标准为依据，培养学生职业意识；三是根据"课证融合"的理念，编制"课证融合"教材开发规范；四是结合职场工作实际，开发"微网站综合实训课程"；五是做好试题开发组织和考务服务，为证书考取做好技术保障；六是设计案例，融入习近平新时代中国特色社会主义思想。

主　编

2021 年 10 月

目 录

单元一　PHP 程序开发基础 ··· 1

学习目标 ··· 1
任务 1　PHP 开发环境搭建 ·· 1
　【引例描述】 ··· 1
　【任务陈述】 ··· 1
　【知识准备】 ··· 2
　1.1　PHP 简介 ··· 2
　　1.1.1　PHP 发展历史 ··· 2
　　1.1.2　PHP 语言特点 ··· 3
　　1.1.3　PHP 与其他语言的比较 ··· 3
　　1.1.4　PHP 岗位需求及应用领域 ··· 4
　【任务实施】 ··· 6
　【任务拓展】部署开源框架网站——Joomla！ ··· 17
任务 2　PHP 基础知识学习及应用 ·· 18
　【引例描述】 ··· 18
　【任务陈述】 ··· 19
　【知识准备】 ··· 19
　2.1　PHP 语法要点 ··· 19
　2.2　数据类型 ··· 20
　　2.2.1　标量数据类型 ··· 20
　　2.2.2　复合数据类型 ··· 22
　　2.2.3　数据类型转换与检测 ··· 24
　2.3　常量与变量 ··· 25
　　2.3.1　常量 ··· 25
　　2.3.2　变量 ··· 26
　　2.3.3　变量的赋值 ··· 27
　　2.3.4　变量的作用域 ··· 28

2.4 运算符 ... 29
2.4.1 算术运算符 ... 29
2.4.2 字符串运算符 ... 30
2.4.3 赋值运算符 ... 30
2.4.4 位运算符 ... 30
2.4.5 自增或自减运算 ... 31
2.4.6 逻辑运算符 ... 32
2.4.7 比较运算符 ... 32
2.4.8 三元运算符 ... 33
2.4.9 运算符的优先级 ... 34
2.5 流程控制语句 ... 35
2.5.1 程序的三种控制结构 ... 35
2.5.2 条件控制语句 ... 35
2.5.3 循环控制语句 ... 36
2.5.4 break 和 continue 语句 ... 38
【任务实施】 ... 39
【任务拓展】简单分数判定器 ... 40

单元二 PHP 函数与数据处理 ... 41

学习目标 ... 41
任务 3 PHP 函数 ... 41
【引例描述】 ... 41
【任务陈述】 ... 41
【知识准备】 ... 42
3.1 PHP 函数 ... 42
3.1.1 定义和调用函数 ... 42
3.1.2 函数间的参数传递 ... 43
3.1.3 函数的返回值 ... 43
3.1.4 变量函数 ... 43
3.1.5 函数的引用 ... 44
3.2 PHP 系统函数库 ... 45
3.2.1 PHP 变量函数库 ... 45
3.2.2 PHP 数学函数库 ... 46
3.2.3 PHP 字符串函数库 ... 47
3.2.4 PHP 日期和时间函数库 ... 48
【任务实施】 ... 51
【任务拓展】获取 MD5 的用户密码值 ... 53

任务 4 PHP 数组与字符串 ... 53
【引例描述】 ... 53

【任务陈述】 ……………………………………………………………………………… 53
【知识准备】 ……………………………………………………………………………… 53
  4.1　数组 ……………………………………………………………………………… 53
    4.1.1　数组的创建和初始化 ……………………………………………………… 53
    4.1.2　键名和键值 ………………………………………………………………… 55
    4.1.3　数组的遍历 ………………………………………………………………… 57
    4.1.4　数组的排序 ………………………………………………………………… 58
  4.2　字符串 …………………………………………………………………………… 61
    4.2.1　字符串的显示 ……………………………………………………………… 61
    4.2.2　字符串的格式化 …………………………………………………………… 61
    4.2.3　常用的字符串操作函数 …………………………………………………… 62
    4.2.4　字符串的替换 ……………………………………………………………… 63
    4.2.5　字符串的比较 ……………………………………………………………… 64
    4.2.6　字符串与 HTML …………………………………………………………… 65
    4.2.7　字符串与数组 ……………………………………………………………… 66
【任务实施】 ……………………………………………………………………………… 67
【任务拓展】约瑟夫环的实现 …………………………………………………………… 68

任务 5　PHP 目录与文件操作 …………………………………………………………… 68

【引例描述】 ……………………………………………………………………………… 68
【任务陈述】 ……………………………………………………………………………… 68
【知识准备】 ……………………………………………………………………………… 69
  5.1　目录操作 ………………………………………………………………………… 69
    5.1.1　创建和删除目录 …………………………………………………………… 69
    5.1.2　获取和更改当前工作目录 ………………………………………………… 69
    5.1.3　打开和关闭目录句柄 ……………………………………………………… 70
    5.1.4　读取目录内容 ……………………………………………………………… 70
    5.1.5　获取指定路径的目录和文件 ……………………………………………… 71
  5.2　文件操作 ………………………………………………………………………… 71
    5.2.1　文件的打开与关闭 ………………………………………………………… 71
    5.2.2　文件的写入 ………………………………………………………………… 73
    5.2.3　文件的读取 ………………………………………………………………… 74
    5.2.4　文件的上传与下载 ………………………………………………………… 76
    5.2.5　其他常用的文件处理函数 ………………………………………………… 78
【任务实施】 ……………………………………………………………………………… 80
【任务拓展】网盘简单操作 ……………………………………………………………… 81

单元三　MySQL 数据库 …………………………………………………………………… 82

学习目标 …………………………………………………………………………………… 82
任务 6　MySQL 数据库的基本操作 ……………………………………………………… 82

【引例描述】 ………………………………………………………… 82
　　【任务陈述】 ………………………………………………………… 82
　　【知识准备】 ………………………………………………………… 83
　　　6.1　数据库概述 ………………………………………………… 83
　　　　6.1.1　MySQL 数据库简介 …………………………………… 83
　　　　6.1.2　MySQL 数据库的特点 ………………………………… 83
　　　6.2　MySQL 服务器的启动和关闭 ……………………………… 83
　　　　6.2.1　启动 MySQL 服务器 …………………………………… 83
　　　　6.2.2　连接 MySQL 服务器 …………………………………… 83
　　　　6.2.3　关闭 MySQL 服务器 …………………………………… 83
　　　6.3　MySQL 数据库的基本操作 ………………………………… 85
　　　　6.3.1　MySQL 数据库操作 …………………………………… 85
　　　　6.3.2　MySQL 数据表操作 …………………………………… 86
　　　　6.3.3　MySQL 数据操作 ……………………………………… 87
　　【任务实施】 ………………………………………………………… 88
　　【任务拓展】使用 phpMyAdmin 管理 MySQL 数据库 …………… 89
　任务 7　PHP 操作数据库 ………………………………………………… 90
　　【引例描述】 ………………………………………………………… 90
　　【任务陈述】 ………………………………………………………… 91
　　【知识准备】 ………………………………………………………… 91
　　　7.1　PHP 操作 MySQL 数据库的函数 …………………………… 91
　　　　7.1.1　连接 MySQL 服务器 …………………………………… 91
　　　　7.1.2　选择 MySQL 数据库 …………………………………… 91
　　　　7.1.3　执行 SQL 语句 ………………………………………… 92
　　　　7.1.4　将结果集返回到数组中 ………………………………… 92
　　　　7.1.5　关闭结果集和关闭连接 ………………………………… 93
　　　7.2　管理 MySQL 数据库中的数据 ……………………………… 94
　　　　7.2.1　数据添加 ……………………………………………… 94
　　　　7.2.2　数据浏览 ……………………………………………… 95
　　　　7.2.3　数据编辑 ……………………………………………… 96
　　　　7.2.4　数据删除 ……………………………………………… 98
　　【任务实施】 ………………………………………………………… 99
　　【任务拓展】在线购物网站的设计与实现 ………………………… 100

单元四　面向对象编程 ……………………………………………………… 102
　学习目标 …………………………………………………………………… 102
　任务 8　PHP 面向对象编程 ……………………………………………… 102
　　【引例描述】 ………………………………………………………… 102
　　【任务陈述】 ………………………………………………………… 102

【知识准备】 ……………………………………………………………………………… 103
8.1 面向对象 ……………………………………………………………………… 103
  8.1.1 面向对象的概念 ………………………………………………………… 103
  8.1.2 类与对象 ………………………………………………………………… 103
  8.1.3 对象的应用和 $this 关键字 …………………………………………… 104
  8.1.4 构造方法与析构方法 …………………………………………………… 105
8.2 类的继承和重载 ……………………………………………………………… 107
  8.2.1 类的继承 ………………………………………………………………… 107
  8.2.2 类的重载 ………………………………………………………………… 108
8.3 类的封装 ……………………………………………………………………… 109
  8.3.1 设置封装 ………………………………………………………………… 109
  8.3.2 __set( )、__get( )、__isset( )、__unset( ) …………………………… 111
8.4 常用关键字 …………………………………………………………………… 113
  8.4.1 static 关键字 …………………………………………………………… 113
  8.4.2 final 关键字 …………………………………………………………… 114
  8.4.3 self 关键字 ……………………………………………………………… 115
  8.4.4 const 关键字 …………………………………………………………… 115
8.5 抽象类 ………………………………………………………………………… 116
8.6 接口 …………………………………………………………………………… 117
8.7 多态 …………………………………………………………………………… 118
【任务实施】 ……………………………………………………………………………… 119
【任务拓展】"学生"类的实现 ………………………………………………………… 121

单元五 Laravel 框架 ……………………………………………………………… 122

学习目标 …………………………………………………………………………………… 122
任务 9 Laravel 框架环境搭建 ………………………………………………………… 122
  【引例描述】 …………………………………………………………………………… 122
  【任务陈述】 …………………………………………………………………………… 122
  【知识准备】 …………………………………………………………………………… 123
  Laravel 的背景 ………………………………………………………………………… 123
  【任务实施】 …………………………………………………………………………… 123
  【任务拓展】安装与配置 Homestead ………………………………………………… 126
任务 10 Laravel 框架的使用 ………………………………………………………… 127
  【引例描述】 …………………………………………………………………………… 127
  【任务陈述】 …………………………………………………………………………… 127
  【知识准备】 …………………………………………………………………………… 127
  Laravel 常用目录介绍 ………………………………………………………………… 127
  【任务实施】 …………………………………………………………………………… 129
  【任务拓展】模型－视图－控制器（MVC） ………………………………………… 134

单元六 综合项目实战 ·· 135
学习目标 ··· 135
任务11 购物网站的搭建与部署 ································· 135
【引例描述】 ··· 135
【任务陈述】 ··· 135
【知识准备】 ··· 136
环境准备 ·· 136
【任务实施】 ··· 136
【任务拓展】测试与完善购物网站 ································· 152

参考文献 ·· 153

单元一

PHP 程序开发基础

学习目标

1. 了解 PHP 的发展历史。
2. 了解 PHP 语言的特点。
3. 了解 PHP 岗位需求及应用领域。
4. 掌握 PHP 开发工具的安装与使用。
5. 掌握 PHP 语言中的数据类型。
6. 掌握 PHP 语言中的常量与变量。
7. 掌握 PHP 语言中的运算符。
8. 掌握 PHP 语言中的流程控制语句。

任务 1　PHP 开发环境搭建

【引例描述】

2019 年,为贯彻落实《国家职业教育改革实施方案》,教育部积极推动了"学历证书 + 若干职业技能等级证书"制度(简称"1+X"证书制度),Web 前端开发职业技能等级证书是首批发布的五个职业技能等级证书之一。

Web 前端开发职业技能等级标准分为初、中、高三个等级,其中中级证书持有者具有动态网页设计开发能力。PHP 技术与应用是 Web 前端开发职业技能等级中级标准中的核心课程之一。

本任务将介绍 PHP 的发展历史、语言特点、岗位需求等知识,同时讲解 PHP 开发环境与常用工具的安装与使用,为 PHP 的学习奠定基础。

【任务陈述】

PHP 的学习,不仅要掌握扎实的语言基本功,还需要掌握如何搭建一个 PHP 的开发环境,这样才能真正成为一名合格 PHP 开发者。

本任务将为大家详细描述 PHP 开发环境的搭建过程。

【知识准备】

1.1　PHP 简介

PHP 原为 Personal Home Page 的缩写，现在已经正式更名为"PHP：Hypertext Preprocessor"，即"PHP：超文本预处理器"，是一种通用开源的脚本语言，如图 1-1 所示。PHP 从诞生到现在已经有 20 多年的历史，在编程语言领域仍保持着举足轻重的地位。作为老牌的 Web 后端编程语言，PHP 在全球市场占有率非常高，从各个招聘网站的数据来看，PHP 开发的职位非常多，薪资水平也非常不错。

图 1-1　PHP 图标

1.1.1　PHP 发展历史

PHP 于 1994 年由拉斯姆斯·勒多夫（Rasmus Lerdorf）创建，刚开始是拉斯姆斯为了维护个人网页而制作的一个简单的用 Perl 语言编写的工具程序。这些工具程序用来跟踪访问他的主页的人的信息。拉斯姆斯把这些 CGI 脚本命名为"Personal Home Page Tools"。随着更多功能需求的增加，拉斯姆斯又用 C 语言进行了重新编写，它可以访问数据库，可以让用户开发简单的动态 Web 程序。他将这些程序和一些表单直译器整合起来，称为 PHP/FI。

PHP/FI，一个专为个人主页/表单提供解释程序的程序，已经包含了今天 PHP 的一些基本功能。它有着 Perl 样式的变量，自动解释表单变量，并可以嵌入 HTML。

1997 年，PHP/FI 2.0，也就是它的 C 语言实现的第二版在全世界已经有了几千个用户（估计）和大约 50 000 个域名安装，大约是 Internet 所有域名的 1%。但是那时只有几个人在为该工程撰写少量代码，它仍然只是一个人的工程。

PHP 3.0 于 1998 年 6 月正式发布，PHP 3.0 是类似于当今 PHP 语法结构的第一个版本。PHP 3.0 的一个最强大的功能是它的可扩展性。除了给最终用户提供数据库、协议和 API 的基础结构外，它的可扩展性还吸引了大量的开发人员加入并提交新的模块。后来证实，这是 PHP 3.0 取得巨大成功的关键。PHP 3.0 中的其他关键功能还包括面向对象的支持及更强大和协调的语法结构。1998 年年末，PHP 的安装人数接近 10 000 人，有大约 100 000 个网站报告他们使用了 PHP。在 PHP 3.0 的顶峰时期，Internet 上有 10% 的 Web 服务器都安装了它。

PHP 4.0 在 PHP 3.0 发布两年后，于 2000 年 5 月发布了官方正式版本。新版本被称为"Zend"（这是 Zeev 和 Andi 的缩写）的引擎，成功实现了增强程序运行性能和 PHP 自身的模块性的目标。除了更高性能以外，PHP 4.0 还包含了其他一些关键功能，比如：支持更多的 Web 服务器；支持 HTTP Sessions；支持输出缓冲；具有更安全的处理用户输入的方法；一些新的语言结构。

2004 年 7 月，PHP 5 正式版本的发布，标志着一个全新的 PHP 时代的到来。它的核心是第二代 Zend 引擎，并引入了对全新的 PECL 模块的支持。PHP 5 的最大特点是引入了面向对象的全部机制，并且保留了向下的兼容性。程序员不必再编写缺乏功能性的类，并且能够以多种方法实现类的保护。另外，在对象的集成等方面也不再存在问题。使用 PHP 5 引进了类型提示和异常处理机制,能更有效地处理和避免错误的发生。

2016 年 1 月 6 日,PHP 6 被跳过,PHP 7.0.2 正式版发布。PHP 7 修复了大量 BUG,新增了功能和语法糖。这些改动涉及了核心包、GD 库、PDO、ZIP、ZLIB 等核心功能与扩展包。PHP7 的性能高于 HHVM,是 PHP 5.6 的 3 倍。

1.1.2　PHP 语言特点

PHP 语言之所以能有今天的地位,得益于 PHP 语言设计者一直遵从实用主义,将技术的复杂性隐藏在底层。

PHP 语言包括以下特性:

①PHP 独特的语法混合了 C、Java、Perl 及 PHP 自创新的语法。

②PHP 可以比 CGI 或者 Perl 更快速地执行动态网页。在动态页面方面,与其他的编程语言相比,PHP 是将程序嵌入 HTML 文档中去执行,执行效率比完全生成 HTML 标记的 CGI 要高许多;PHP 具有非常强大的功能,PHP 能实现所有的 CGI 的功能。

③PHP 支持几乎所有流行的数据库及操作系统。

④PHP 拥有 C 语言、C++ 语言的各种优点,还摒弃了 C++ 语言进行程序的扩展。

PHP 语言的优势:

①开放源代码。所有的 PHP 源代码事实上都可以得到。

②免费性。和其他技术相比,PHP 本身免费且是开源代码。

③快捷性。程序开发快、运行快、技术学习快。

④跨平台性强。由于 PHP 是运行在服务器端的脚本,可以运行在 UNIX、Linux、Windows、Mac OS 下。

⑤执行速度快。PHP 是一种强大的 CGI 脚本语言,执行网页速度比 CGI、Perl 和 ASP 更快,并且消耗相当少的系统资源。

⑥面向对象。在 PHP 4、PHP 5 中,面向对象方面已经有了很大的改进,PHP 完全可以用来开发大型商业程序。

⑦功能全面。PHP 包括图形处理、编码与解码、压缩文件处理、XML 解析、支持 HTTP 的身份认证、COOKIE、POP 3、SNMP 等。

1.1.3　PHP 与其他语言的比较

PHP 是在服务器端执行的脚本语言,语法本身与 Perl 很相似,是常用的网站编程语言。PHP 独特的语法混合了 C、Java、Perl 及 PHP 自创的语法,利于学习、使用广泛,主要适用于 Web 开发领域。

C 语言是一门面向过程的、抽象化的通用程序设计语言,广泛应用于底层开发。C 语言能以简易的方式编译、处理低级存储器。C 语言是仅产生少量的机器语言及不需要任何运行环境支持便能运行的高效率程序设计语言。尽管 C 语言提供了许多低级处理的功能,但仍然保持着跨平台的特性,以一个标准规格写出的 C 语言程序可在包括类似嵌入式处理器及超级计算机等作业平台的许多计算机平台上进行编译。

C++ 是 C 语言的继承,它既可以进行 C 语言的过程化程序设计,又可以进行以抽象数据类型为特点的基于对象的程序设计,还可以进行以继承和多态为特点的面向对象的程序设计。C++ 擅长面向对象程序设计的同时,还可以进行基于过程的程序设计,同时还致力于提高大规模程序的编程质量与程序设计语言的问题描述能力。

C#是微软公司发布的一种面向对象的、运行于.NET Framework 和.NET Core 之上的高级程序设计语言。它是一种安全的、稳定的、简单的、优雅的,由 C 和 C++衍生出来的面向对象的编程语言。C#看起来与 Java 有着惊人的相似,它包括了诸如单一继承、接口、与 Java 几乎同样的语法和编译成中间代码再运行的过程。但是 C#与 Java 有着明显的不同,它借鉴了 Delphi 的一个特点:与 COM(组件对象模型)是直接集成的。

Java 是一门面向对象编程语言,不仅吸收了 C++语言的各种优点,还摒弃了 C++中难以理解的多继承、指针等概念,因此 Java 语言具有功能强大和简单易用两个特征。Java 语言作为静态面向对象编程语言的代表,极好地实现了面向对象理论,允许程序员以优雅的思维方式进行复杂的编程。Java 可以编写桌面应用程序、Web 应用程序、分布式系统和嵌入式系统应用程序等。

就目前的动态网页开发技术而言,PHP、ASP、JSP 和.NET 各有千秋,见表 1-1。

表 1-1 PHP 与其他动态网页开发技术的比较

比较项目	PHP	ASP	JSP	.NET
跨操作系统性	支持	只支持 Win32	支持	只支持 Win32
Web 服务器	多种类型	IIS	多种类型	IIS
执行效率	快	快	极快	极快
稳定性	高	低	高	高
开发敏捷度	高	高	中	高
支持语言	PHP	VBScript	Java	C#、VB、C++、JScript
函数支持	多	少	中	多
系统安全	高	低	高	高
版本升级	快	慢	慢	一般
难易程度	易	易	难	中

1.1.4 PHP 岗位需求及应用领域

Web 前端开发职业技能等级中级标准培养的就业方向:

主要是面向 IT 互联网企业、互联网转型的传统型企事业单位、政府部门等的软件研发、软件测试、系统运维部门,从事网站规划与建设、网站开发与维护、关系型数据库开发管理等工作,根据网站开发需求,编制并实施解决方案。

Web 前端开发职业技能等级中级标准 PHP 技术的技术要求:

①能熟练使用 PHP 的编码技术操作 MySQL 数据库,进行动态网站开发。

②能使用 Session 的操作、Cookie 的操作开发动态网站。

Web 前端开发职业技能等级中级标准 PHP 技术的知识要求:

掌握 PHP 的基础操作、数组函数、面向对象、基本语法、数据类型、数据输出、编码规范、常量、变量、PHP 运算符、数据类型转换、条件判断语句、循环控制语句、跳转语句和终止语句、一维数组、二维数组、遍历与输出数组、函数,以及 PHP 操作 MySQL 数据库、管理 MySQL 数据库中数据的使用方法。

当前 PHP 岗位的从业者非常多，PHP 作为最流行的计算机编程语言之一，未来依然有大量的应用场景。图 1－2 是 2020 年前程无忧招聘网站上对“PHP 程序员”招聘信息的部分数据。

职位名	公司名	工作地点	薪资	发布时间
php程序员	宁波乾数网络科技有限公司	宁波-高新区	0.8-1万/月	03-12
PHP程序员	深圳市易腾科技有限公司	深圳-龙华新区	0.8-1万/月	03-12
PHP程序员	东莞市鼎点网络科技有限公司	东莞-南城区	0.5-1万/月	03-12
PHP程序员	腾讯青岛总部运营服务中心	青岛-市北区	3.5-8千/月	03-12
PHP程序员	杭州易卡搜汽车服务有限公司	杭州	5-8千/月	03-12
PHP程序员	立壹（厦门）电子商务有限责任公司...	异地招聘	0.6-1万/月	03-12
PHP程序员	福建期赢家互联网信息服务有限公司...	福州-台江区	4-6千/月	03-12
高级php程序员（合伙人）	河北以太文信息技术有限公司	燕郊开发区	0.8-1万/月	03-12
php程序员（接收优秀应届生）	广西南宁巨邦网络科技有限责任公司...	南宁	4.5-6千/月	03-12
PHP程序员	广州传思信息科技有限公司	广州-海珠区	4-8千/月	03-12
PHP程序员	立壹（厦门）电子商务有限责任公司...	厦门	0.8-1.5万/月	03-12
高级PHP程序员	上海五五来客科技股份有限公司	上海-徐汇区	1.6-2万/月	03-12
PHP程序员	上海市建设工程监理咨询有限公司	上海-嘉定区	1-1.8万/月	03-12
PHP程序员	苏州快捷航空票务服务有限公司	苏州-姑苏区	1-1.5万/月	03-12
PHP程序员	广州米尼琪贸易有限公司	广州-天河区	6-8千/月	03-12
PHP程序员	广州万户网络技术有限公司	广州-天河区	6-8千/月	03-12
PHP程序员	乐清市欧众网络科技有限公司	温州	0.5-1万/月	03-12
PHP程序员	上海湿腾电器有限公司	上海	1-1.5万/月	03-12
php程序员	佛山市广润投资顾问有限公司	佛山-禅城区	6-8千/月	03-12
PHP程序员	东莞博准电子科技有限公司	东莞-南城区	0.8-1万/月	03-12

图 1－2　PHP 程序员招聘信息

图 1－3 是 2020 年前程无忧招聘网站上某家招聘企业对 PHP 程序员的岗位要求。

PHP程序员　　**1-1.5万/月**

苏州-姑苏区　3-4年经验　大专　招1人　03-12发布

职位信息

岗位要求：

1.专科以上学历，计算机相关专业毕业；

2.熟练使用HTML/CSS/JavaScript/jquery等前端界面技术；

3.熟练PHP编程，熟悉PHP web开发模块、模板、缓存、优化等技术；

4.有良好的编码习惯和风格；

5.熟悉关系型数据库，包括但不限于Mysql，Oracle，postgreSQL，SQLserver等

职能类别：软件工程师　数据库工程师/管理员

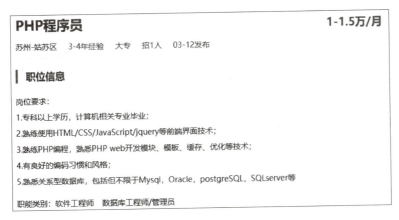

图 1－3　PHP 程序员岗位要求

【任务实施】

工欲善其事，必先利其器。PHP 是一门解释性脚本语言，PHP 程序的运行需要通过 PHP 解释器将 PHP 程序文件读入，然后再进行解析执行。即 PHP 的程序编写实际上是面向 PHP 解释器，而不是平台。而每个平台都有对应的 PHP 解释器版本，所以，只要 PHP 代码满足对应的解释器，就可以运行了。

一、PHP 开发环境

软件开发环境（Software Development Environment，SDE）是指在基本硬件和数字软件，为支持系统软件和应用软件的工程化开发和维护而使用的一组软件。它由软件工具和环境集成机制构成，前者用于支持软件开发的相关过程、活动和任务，后者为工具集成和软件的开发、维护及管理提供统一的支持。在目前的 PHP 开发中，其环境主要有独立开发环境与集成开发环境两种形式。

目前主流的 PHP 集成开发环境主要有 phpStudy、XAMPP、WampServer、UPUPW Nginx（64 位）、MAMP Pro for Mac、PHPNow、EasyPHP 等。

搭建 PHP 独立开发环境，需要准备 PHP 语言包、Web 服务器软件、数据库软件等。基于 Windows 平台进行开发和运行的环境简称为 WAMP，即 Windows 操作系统、Apache、MySQL、PHP。基于 Linux 平台进行开发和运行的环境简称为 LAMP，即 Linux 操作系统、Apache、MySQL、PHP。

Apache 几乎可以在所有广泛使用的计算机平台上运营，由于其跨平台和安全性好，被广泛使用，是最流行的 Web 服务端软件之一。但随着 Apache 臃肿，内存和 CPU 开销较大、性能上有损耗等缺点的暴露，LNMP 开发环境得到越来越多的 PHP 开发者的重视。

LNMP 即 Linux 系统下 Nginx + MySQL + PHP 网站服务器架构。Nginx 是一个小巧而高效的 Linux 下的 Web 服务器软件，是由 Igor Sysoev 为俄罗斯访问量第二的 Rambler 站点开发的。相比于 Apache，Nginx 使用资源更少，支持更多并发连接，效率更高。Nginx 还非常符合当前的大数据应用场景。

二、PHP 集成开发工具

集成开发环境（Integrated Development Environment，IDE）是用于提供程序开发环境的应用程序，一般包括代码编辑器、编译器、调试器和图形用户界面等工具。"1 + X" 证书 Web 前端开发推荐使用 XAMPP。

XAMPP 即 Apache + MySQL + PHP + PERL，是一个功能强大的建站集成软件包。XAMPP 软件原来的名字是 LAMPP，为了避免误解，最新的几个版本改名为 XAMPP。它可以在 Windows、Linux、Solaris、Mac OS 等多种操作系统下安装使用。XAMPP 非常容易安装和使用，下载地址是 https://www.apachefriends.org/zh_cn/download.html。进入下载页面后，根据需要选择对应的操作系统版本进行下载。

Windows 操作系统下 XAMPP 的安装步骤：

①双击安装程序，打开 "Setup - XAMPP" 窗口，如图 1 - 4 所示，如果遇到 "Warning" 提示窗口，单击 "OK" 按钮即可。

②单击 "Next" 按钮，进入 "Select Components" 窗口，如图 1 - 5 所示，这里选择默认的选项。

图1-4 "Setup-XAMPP"安装窗口

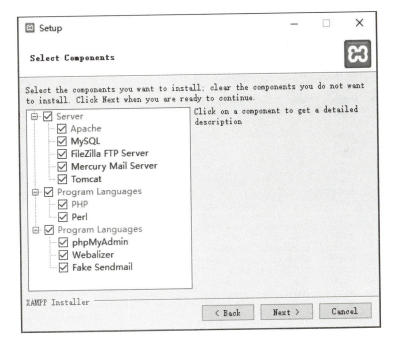

图1-5 "Select Components"窗口

③单击"Next"按钮,进入"Installation folder"窗口,如图1-6所示。第一步中的"Warning"提示窗口提醒安装路径不要放到系统盘。这里设置为D:\xampp。

④在接下来的几个步骤中,直接单击"Next"按钮,直到安装完成后打开XAMPP配置窗口,如图1-7所示。

Windows操作系统下XAMPP的配置步骤:

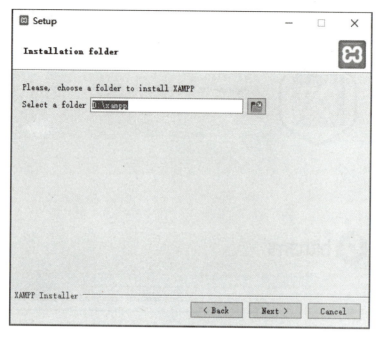

图 1-6 "Installation folder" 窗口

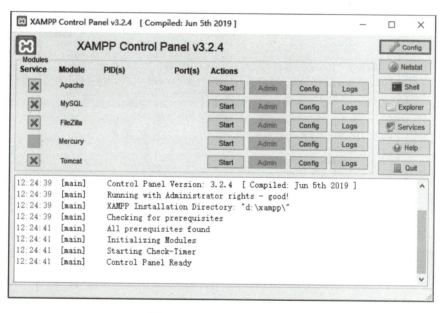

图 1-7 XAMPP 配置窗口

1. 配置 Apache

HTTP 协议默认端口为 80 端口,主要用于 WWW(World Wide Web),即万维网传输信息服务。为了避免端口号的冲突,把 Apache 的 httpd.conf 文件中的 80 端口全部修改为 8081,如图 1-8 所示。需要注意的是,如果没有更改 Apache 的端口,访问 XAMPP 主页时使用 http://localhost;更改端口后,假设 80 改为 8081,则需要使用 http://localhost:8081 访问 XAM-

PP 主页。访问 XAMPP 下的其他 PHP 页面也需要这样。

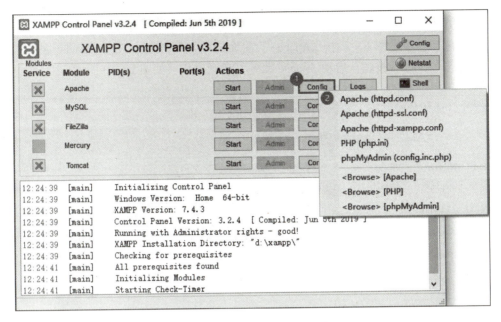

图 1-8 打开 httpd.conf 文件

打开 httpd.conf 文件后，可以使用文本文档的查找功能查找 80 端口，如图 1-9 所示。图 1-9 中只需要修改"Listen 80"即可，因为"#"在 httpd.conf 文件中表示注释的意思。按同样的方法修改下一处即"ServerName localhost：80"的端口。

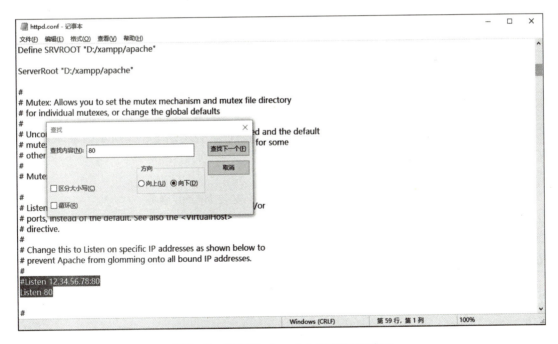

图 1-9 修改 httpd.conf 文件中的 80 端口

443 端口即网页浏览端口，主要是用于提供加密和通过安全端口传输的另一种 HTTP 服务——HTTPS。为防止端口冲突，把 Apache 的 httpd – ssl. conf 文件中的 443 端口全部修改为 4433，设置方法与修改 httpd. conf 文件中的 80 端口类似。

配置完成后，单击图 1 – 7 中"Apache"前面的"×"按钮，安装 Apache 服务。安装成功后，单击"Start"按钮，启动 Apache 服务。启动完成后如图 1 – 10 所示。

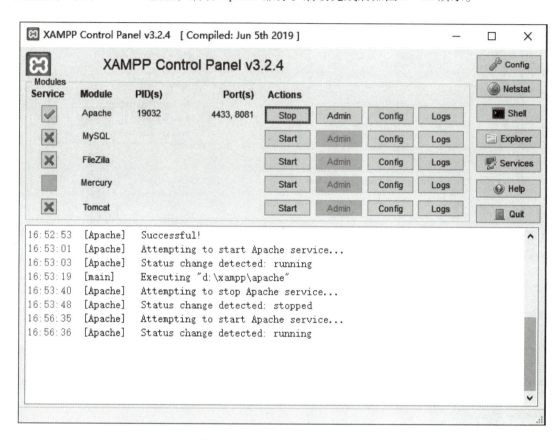

图 1 – 10　启动 Apache 服务窗口

打开浏览器，在地址栏输入"http://localhost:8081"，显示图 1 – 11 所示结果即为配置成功。

2. 配置 MySQL

单击图 1 – 7 中"MySQL"前面的"×"按钮，安装 MySQL 服务。

单击"Config"按钮，打开 my. ini 文件。如果系统中 3306 端口冲突，把 my. ini 中的 3306 改为 3316。把 my. ini 中的字符集改为 UTF 8，UTF 8 的设置信息在原文档中已被注释，取消注释即可，如图 1 – 12 所示。如果不配置 UTF 8，取出的中文会出现乱码现象。

配置完成后，单击图 1 – 7 中 MySQL 后面的"Start"按钮，启动 MySQL 服务。打开浏览器，在地址栏输入"http://localhost:8081/phpmyadmin"，显示图 1 – 13 所示结果即为配置成功。

3. 配置 XAMPP

单击图 1 – 7 中右上角的"Config"按钮，打开 XAMPP 配置窗口，然后单击"Service

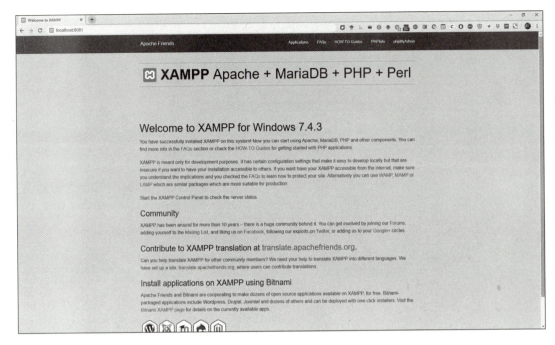

图 1-11 访问 XAMPP 欢迎页面

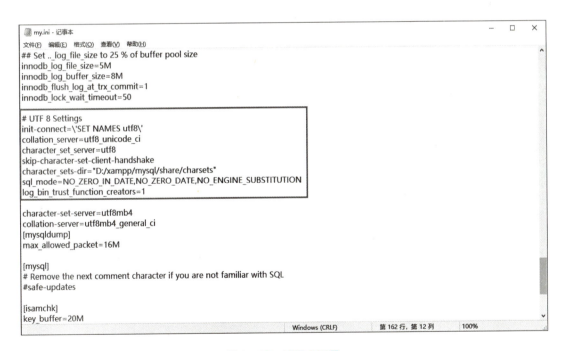

图 1-12 UTF 8 配置

and Port Settings"按钮，打卡服务设置窗口，如图 1-14 所示。

根据在 Apache 配置文件和 MySQL 配置文件中配置的端口，配置窗口中"Apache"选项卡和"MySQL"选项卡中的端口。配置完成后连续保存，回到 XAMPP 窗口。分别单击"Apache"和"MySQL"后面的"Admin"按钮，可以打开各自的访问页面。

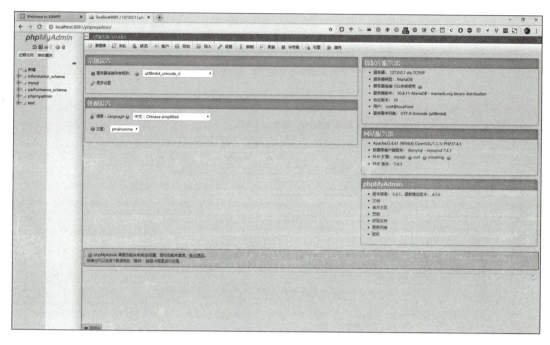

图 1-13　phpMyAdmin 页面

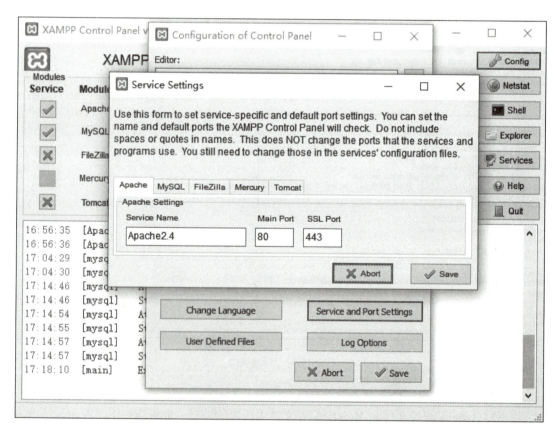

图 1-14　XAMPP 服务配置窗口

三、PHP 代码编辑工具

一个好的编辑器或开发工具，能够极大地提高程序开发效率。在 PHP 项目开发中，常用的编辑工具有 Notepad + 、NetBeans、Zend Studio、SublimeText、PhpStorm、HBuilder 等。“1 + X”证书 Web 前端开发推荐使用 HBuilder。

HBuilder 是一个极客工具，追求无鼠标的极速操作。不管是敲代码的快捷设定，还是操作功能的快捷设定，都融入了效率第一的设计思想。HBuilder 新一代产品是 HBuilderX，HBuilderX 的下载地址是 https://dcloud.io/hbuilderx.html。下载 HBuilderX Windows 标准版后无须安装，解压后即可使用。HBuilderX 解压后文件目录如图 1 – 15 所示。

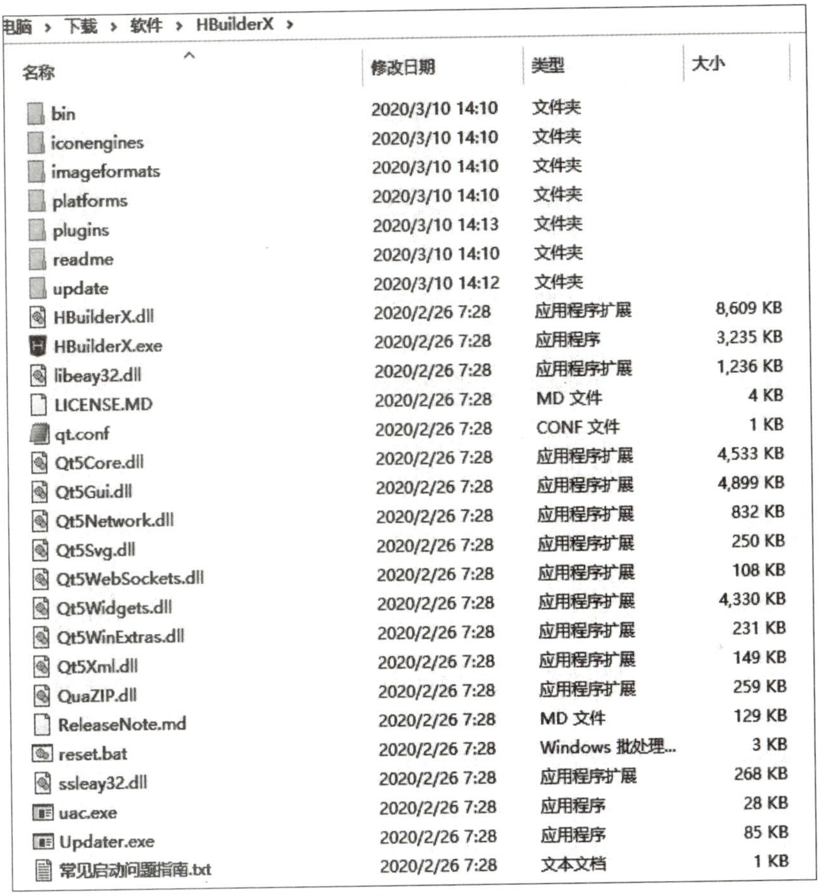
电脑 › 下载 › 软件 › HBuilderX ›

名称	修改日期	类型	大小
bin	2020/3/10 14:10	文件夹	
iconengines	2020/3/10 14:10	文件夹	
imageformats	2020/3/10 14:10	文件夹	
platforms	2020/3/10 14:10	文件夹	
plugins	2020/3/10 14:13	文件夹	
readme	2020/3/10 14:10	文件夹	
update	2020/3/10 14:12	文件夹	
HBuilderX.dll	2020/2/26 7:28	应用程序扩展	8,609 KB
HBuilderX.exe	2020/2/26 7:28	应用程序	3,235 KB
libeay32.dll	2020/2/26 7:28	应用程序扩展	1,236 KB
LICENSE.MD	2020/2/26 7:28	MD 文件	4 KB
qt.conf	2020/2/26 7:28	CONF 文件	1 KB
Qt5Core.dll	2020/2/26 7:28	应用程序扩展	4,533 KB
Qt5Gui.dll	2020/2/26 7:28	应用程序扩展	4,899 KB
Qt5Network.dll	2020/2/26 7:28	应用程序扩展	832 KB
Qt5Svg.dll	2020/2/26 7:28	应用程序扩展	250 KB
Qt5WebSockets.dll	2020/2/26 7:28	应用程序扩展	108 KB
Qt5Widgets.dll	2020/2/26 7:28	应用程序扩展	4,330 KB
Qt5WinExtras.dll	2020/2/26 7:28	应用程序扩展	231 KB
Qt5Xml.dll	2020/2/26 7:28	应用程序扩展	149 KB
QuaZIP.dll	2020/2/26 7:28	应用程序扩展	259 KB
ReleaseNote.md	2020/2/26 7:28	MD 文件	129 KB
reset.bat	2020/2/26 7:28	Windows 批处理...	3 KB
ssleay32.dll	2020/2/26 7:28	应用程序扩展	268 KB
uac.exe	2020/2/26 7:28	应用程序	28 KB
Updater.exe	2020/2/26 7:28	应用程序	85 KB
常见启动问题指南.txt	2020/2/26 7:28	文本文档	1 KB

图 1 – 15　HBuilderX 文件目录

双击“HBuilderX. exe”，即可运行 HBuilderX，运行界面如图 1 – 16 所示。

使用 HBuilderX 编写 PHP 程序的步骤：

①选择 HBuilderX“工具”菜单中的“插件安装”，打开“插件安装”窗口。在“插件安装”窗口中找到“php 语言服务”插件，单击“安装”按钮，安装此插件。安装完成后如图 1 – 17 所示。

②选择“文件”菜单下的“新建项目”子菜单，打开“新建项目”窗口。将“新建项目”窗口中的项目路径设置为 XAMPP 安装路径下的 htdoc 文件夹；项目类型选择“普通项目”；模板选择“空项目”，如图 1 – 18 所示。

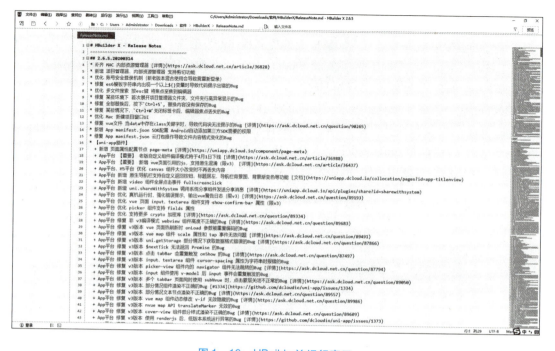

图 1-16　HBuilderX 运行窗口

图 1-17　"插件安装"窗口

单元一　PHP 程序开发基础

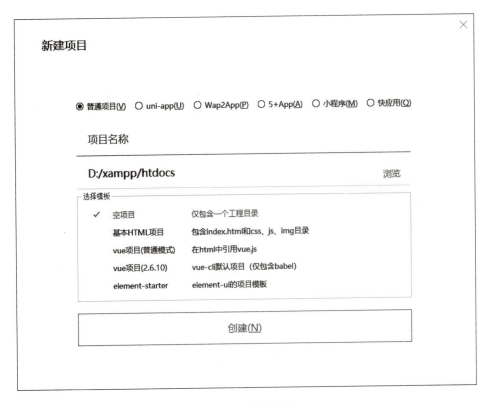

图 1-18　新建项目

③在"项目名称"中输入要定义的项目名称，如 phpinfo，单击"创建"按钮。创建完成后，在 HBuilderX 的左侧显示项目名称。

④在项目名称上右击，选择"新建"下的"自定义文件"菜单项，打开"新建其他文件"窗口。将窗口中默认文件名清除后，输入文件名，如 index.php，如图 1-19 所示。

图 1-19　新建文件

⑤单击"创建"按钮，完成创建并打开 index.php 文件。
⑥在 index.php 文件中输入如下代码并保存。

```
<?php
phpinfo();
?>
```

⑦启动 XAMPP 中的 Apache 服务，在浏览器地址栏中输入"http://localhost:8081/phpinfo/index.php"，打开图 1-20 所示页面。

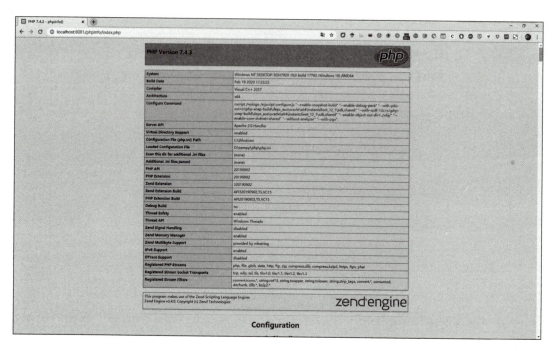

图 1-20　PHP 信息页面

四、浏览器

在"1+X"证书 Web 前端开发工具清单中，推荐的浏览器是 Chrome。Google Chrome 是由 Google 开发的一款设计简单、高效的 Web 浏览工具，具有简洁、快速、稳定等特点。Chrome 提供的开发者工具是一套内置于 Google Chrome 中的 Web 开发和调试工具，可用来对网站进行迭代、调试和分析。

1. Google Chrome 下载与安装

第一种方法：在 https://www.google.cn/chrome 上下载在线安装包，安装过程中需要联网，如图 1-21 所示。

第二种方法：下载 Google Chrome 离线安装包，双击运行即可快速安装。该方法在安装过程中不要求电脑联网。

2. Chrome 开发者工具

有三种方式可以打开开发者工具：

方法1：打开要调试的网页，使用键盘上的 F12 键即可打开。

方法2：在页面上右击，然后选择"检查"，打开开发者工具。

方法3：在浏览器右上角单击 ⋮ 按钮，在"更多工具"中选择"开发者工具"，该菜

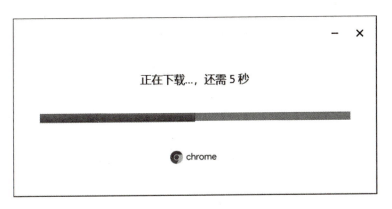

图 1-21　在线安装 Google Chrome

单项对应的快捷键是 Ctrl + Shift + I。

Chrome 开发者工具导航栏包括指选按钮、设备模式、元素面板、控制台面板、源代码面板、网络面板、性能面板、内存面板、应用面板、安全面板，如图 1-22 所示。

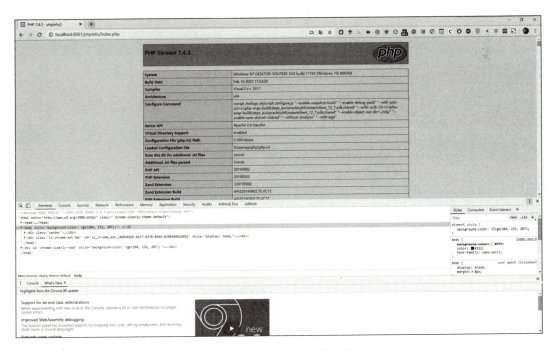

图 1-22　Chrome 开发者工具

【任务拓展】

部署开源框架网站——Joomla！

Joomla！是一套全球知名的内容管理系统。它属于企业入口网站类型套件，顾名思义，就是比较适合作为商业类型的网站程序。Joomla！是使用 PHP 语言加上 MySQL 数据库所开发的软件系统，可以在 Linux、Windows、MacOSX 等各种不同的平台上运行。

任务要求：

①安装 XAMPP 集成环境，并配置 Apache 服务与 MySQL 服务。

②从 https://www.joomla.org 上下载 Joomla! 网站系统。注：请先下载原版，然后下载语言包。Joomla! 的前台演示是 http://demo.joomla.org。

③安装 Joomla! 网站。

a. 在 XAMPP 安装路径下的 htdoc 文件夹中新建文件夹，将 Joomla! 文件包解压后复制到该文件夹中。

b. 启动 XAMPP 中的 Apache 服务和 MySQL 服务，在浏览器地址栏中输入"http://localhost:8081/Joomla/installation/index.php"（端口号根据所配置的 Apache 端口号而定），打开 Joomla! 安装页面，如图 1-23 所示。

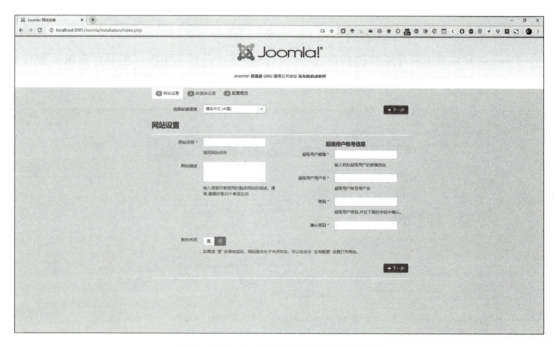

图 1-23　Joomla! 网站安装引导页面

c. 根据安装引导，逐步完成 Joomla! 网站系统的安装。

任务2　PHP 基础知识学习及应用

【引例描述】

在"PHP 开发环境搭建"中，已经了解了 PHP 的背景和历史，并且已经掌握了使用 PHP 语言进行编程的环境和工具的安装与配置。我们所学到的内容将为本书后面的内容奠定基础：创建功能实用的基于 PHP 的微网站。本任务将介绍 PHP 语言的基础知识，包括数据类型、常量与变量、运算符、流程控制语句等。学完本节任务，将掌握开发基本而实用的

PHP 应用程序所必需的知识。

【任务陈述】

本任务将综合运用所学 PHP 语法基础知识,编写一个大家比较熟悉的九九乘法表应用程序。

【知识准备】

2.1 PHP 语法要点

PHP 的优点之一是可以将 PHP 代码直接与 HTML 嵌在一起。为了能够让 PHP 解释器更方便地识别出 PHP 代码,需要使用一些方法来立即确定页面中的哪些区域嵌入了 PHP 代码。

1. PHP 基本语法

PHP 脚本可以放在文档中的任何位置,以"<?php"开始,以"?>"结束。

```
<!DOCTYPE html>
<html>
    <body>
        <h3>PHP 语法要点</h3>
        <?php
        echo "<p>Hello, PHP</p>";
        ?>
    </body>
</html>
```

在 Windows 平台中,PHP 语言默认开启短标签功能,短标签可使编程更方便、更灵活。短标签语法如下:

```
<?/* 程序操作*/?>
<?=/* 函数*/?>
```

例如:

```
<?="<p>Hello, PHP</p>";?>
```

2. 代码注释

养成良好的代码注释习惯对于编程学习、程序维护来讲都非常重要。

PHP 语言中使用"//"或"#"进行单行注释,"//"和"#"可以在一行代码中的任何位置使用。PHP 解释器会忽略注释字符右边的所有内容。例如:

```
<?php
    //日期:2020 年 3 月 30 日,星期一
    //功能:echo 的使用方法
    //编者:作者姓名
    echo "<p>Hello, PHP</p>";#输出 Hello, PHP
?>
```

程序开发过程中，有时需要一些更详细的功能描述或其他说明性注释，对于需要多行注释的情况，在代码中可以使用"/* … */"，例如：

```php
<?php
    /*
    函数:addShop(shopname,shopadd,shopadmin)
    功能:添加店铺信息
    参数:店铺名称、地址、责任人
    */
?>
```

3. 信息输出

PHP 语言中有两种方法将数据输出到浏览器，即 print() 语句和 echo() 语句。两者的区别是：

①echo 可以输出一个或多个字符串。

例如：

```php
<?php
    $title = "<h3>PHP 语法要点</h3>";
    $body = "<p>Hello, PHP</p>";
    echo $title , $body ;
?>
```

②print 只允许输出一个字符串，返回值总为 1。

例如：

```php
<?php
    print "<h2>PHP 微网站开发实例教程!</h2>";
    print "Hello world! <br>";
    echo print "认真学习 PHP! <br>";//最后一行会输出 print 的返回值 1
?>
```

2.2 数据类型

与某些其他计算机语言（例如 Java 或 C#）不同，PHP 是一种弱类型语言。PHP 中常用的数据类型有布尔型、整型、浮点型、字符串、数组。

2.2.1 标量数据类型

标量数据类型用于表示单个值。常用的标量数据类型包括布尔型、整型、浮点型和字符串。

1. 布尔型

布尔型通常用于条件判断，它可以取值为 TRUE 或 FALSE。编程中可以使用零表示 FALSE，使用任何非零值表示 TRUE。

例如：

```
$x = true;
$y = false;
```

2. 整型

整型可以代表任何一个整数，即没有小数的数字。整型赋值需要满足整数必须至少有一个数字（0~9）、整数不能包含逗号或空格、整数不能含有小数点等条件。整数可以是正数，也可以是负数。此外，整型还可以用三种格式来指定：十六进制（以 0x 为前缀）、八进制（前缀为 0）、二进制（前缀为 0b）。

使用 PHP 中的 var_dump() 函数可以返回变量的数据类型和值，例如：

```
<?php
    $x = 59;
    var_dump($x);
    echo "<br>";
    $x = -45;//负数
    var_dump($x);
    echo "<br>";
    $x = 0x8A;//十六进制数
    var_dump($x);
    echo "<br>";
    $x = 067;//八进制数
    var_dump($x);
    echo "<br>";
    $x = 0b1010;//二进制数
    var_dump($x);
?>
```

3. 浮点型

浮点型包括浮点数、双精度数、指数，允许包含小数部分的数字。浮点型数常用于表示货币、权重、距离和其他形式数据。PHP 中的浮点型可以通过多种方式指定，例如：

```
<?php
    $x = 10.365;
    var_dump($x);
    echo "<br>";
    $x = 2.4e3;
    var_dump($x);
    echo "<br>";
    $x = 1.23E-11;
    var_dump($x);
?>
```

4. 字符串

字符串是一串连续字符的序列，可以用单引号或双引号定界。
例如：

```php
<?php
    $x = "Hello world!";
    echo $x;
    echo "<br>";
    $x = 'Hello PHP!';
    echo $x;
?>
```

PHP 中的字符串可以使用"."进行拼接，在使用数值型字符串时，如果需要对两个数值计算，可以直接使用运算符，PHP 会把数值型字符串当作数值处理，例如：

```php
<?php
    $a = "123";
    $b = "456";
    echo $a + $b. "\n"; //两数值相加，输出 579
    echo $a. $b. "\n"; //两字符串拼接，输出 123456
?>
```

在 PHP 项目开发过程中，处理字符串时，经常会遇到需要将大量数据进行转义的操作。转义字符是一种特殊的字符常量。转义字符以反斜线"\"开头，后跟一个或几个字符。转义字符具有特定的含义，不同于字符原有的意义，故称"转义"字符。常用的转义字符见表 2-1。

表 2-1 常用转义字符

转义符	描述
\n	换行
\r	回车
\t	水平制表符
\\	反斜杠
\$	美元符号
\'	单引号
\"	双引号

2.2.2 复合数据类型

复合数据类型允许将同一类型或不同类型的多个项目汇总在一个代表性实体下。数组和对象属于此类别。

数组就是数据的集合，用于同时存储多个数据。数组有两种类型：索引数组（使用数字标识每个元素）和关联数组（使用字符串）。

例如：

```php
<?php
    var $book;
    $book['title'] = 'PHP 微网站开发实例教程';
    $book['author'] = '作者';
    $book['publisher'] = '出版社';
?>
```

使用数字可直接创建索引数组，索引数组从 0 开始编号。

例如：

```php
<?php
    var $shoppingList;
    $shoppingList[0] = 'wine';
    $shoppingList[1] = 'fish';
    $shoppingList[2] = 'bread';
    $shoppingList[3] = 'grapes';
    $shoppingList[4] = 'cheese';
?>
```

例子中为数组每一个元素赋值，也可以使用 $shoppingList = ['wine','fish','bread','grapes','cheese'] 方式或 $shoppingList = array('wine','fish','bread','grapes','cheese') 方式进行赋值。

PHP 支持的另一种复合数据类型是对象，对象是面向对象编程范例的中心概念。与 PHP 语言中包含的其他数据类型不同，对象类型必须显式声明。对象的属性和行为的声明需要在类的内部进行。

例如：

```php
<?php
    class Car//声明对象
    {
        var $color;    //对象属性
        function __construct($color = "green"){    //构造方法
        $this->color = $color;
        }
        function what_color(){        //对象行为
        return $this->color;
        }
    }
```

```
function print_vars($obj){
    foreach(get_object_vars($obj) as $prop =>$val){
        echo "\t $prop =$val \n";
    }
}

$herbie =new Car("white");     //实例一个对象
echo "\therbie:Properties \n";
print_vars($herbie);     //显示 herbie 属性
?>
```

2.2.3 数据类型转换与检测

将数据从一种数据类型转换为另一种数据类型的操作称为类型转换。将预期类型放在要转换的变量的前面来实现的类型转换方法称为强制转换。可以通过在变量前面插入表 2 – 2 中所示的运算符之一来强制转换类型。

表 2 – 2　常用转义字符

转换操作	转换类型
（array）	Array
（bool）or（boolean）	Boolean
（int）or（integer）	Integer
（object）	Object
（real）or（double）or（float）	Float
（string）	String
（array）	Array

例如：

```
$score =(double)13;//整型转换为双精度 $score =13.0
$score =(int)14.8;//双精度转换为整型将丢失小数 $score =14
```

字符串转换为整型时，会出现数值为零的现象。但是如果字符串以整型数值开头，那么将会得到整型数值。例如：

```
$sentence ="This is a sentence";
echo(int)$sentence;//返回 0

$sentence ="456 is a sentence ";
echo(int)$sentence;//返回 456
```

在进行数组类型转换时，数据将会被转换为数组的第一个元素。例如：

```php
$score=456;
$scoreboard=(array)$score;
echo $scoreboard[0];//输出结果:456
```

任何数据类型都可以转换为对象类型，转换后变量成为对象的属性，使用scalar可获取该值。例如：

```php
<?php
$model="Toyota";
$obj=(object)$model;
print $obj->scalar;//返回"Toyota"
?>
```

由于PHP对类型的定义比较松散，有时会自动将变量转换为最适合引用它们的环境。例如：

```php
<?php
    $total=5;//整型
    $count="15";//字符串
    $total=$total+$count;//$total=20(整型)
?>
```

如果在数学计算中使用的字符串包含e或E（代表科学计数法），它将被视为浮点数。例如：

```php
<?php
    $val1="1.2e3";//字符串类型 "1200"
    $val2=2;
    echo $val1 * $val2;//输出结果:2400
?>
```

2.3 常量与变量

常量与变量是PHP中基本的数据存储单元，可以存储不同类型的数据。由于PHP是一种弱类型语言，常量或变量的数据类型由程序的执行顺序决定。

2.3.1 常量

常量是一个简单值的标识符。该值在程序运行过程中不能改变。

一个常量由英文字母、下划线和数字组成，但数字不能作为首字母出现（常量名不需要加 $ 修饰符）。

1. 自定义常量

自定义常量使用 define() 函数定义。

例如：

```php
define($name, $value,$case_insensitive);
```

该函数有三个参数：

name：必选参数，常量名称，即标识符。

value：必选参数，常量的值。

case_insensitive：可选参数，如果设置为 TRUE，该常量则大小写不敏感。默认是大小写敏感的。

常量一旦被定义，就不能再改变或取消定义，而且值只能是标量，数据类型只能是布尔型、整型、浮点型或字符串。和变量不同，常量定义时不需要使用 $ 修饰符。

例如：

```php
<?php
    define("PI", 3.1415926);
    define("CONSTANT", "Hello World!");
    echo CONSTANT;    //输出结果:Hello World!
?>
```

2. 全局常量

常量在定义后，默认是全局变量，可以在整个运行的脚本的任何地方使用。

例如：

```php
<?php
    define("GREETING", "Hello World!");
    function myTest(){
    echo GREETING;
    }
    myTest();      //输出结果:"Hello World!"
?>
```

2.3.2 变量

1. PHP 变量

变量是用于存储信息的"容器"，是指在程序运行过程中值可以改变的量。变量的作用就是存储数值。一个变量分配有一个内存地址，这个地址存储变量的数值信息。

例如：

```php
<?php
    $x = 4;
    $y = 8;
    $z = $x + $y;
    echo $z;
?>
```

2. PHP 变量规则

- 变量以 $ 符号开始，后面跟着变量的名称。
- 变量名必须以字母或者下划线字符开始。

- 变量名只能包含字母、数字、字符及下划线（A～z、0～9和_）。
- 变量名不能包含空格。
- 变量名是区分大小写的（$y 和 $Y 是两个不同的变量）。

例如：

```
<?php
    //以下是合法变量名
    $a = 1;
    $a12_3 = 1;
    $_adc = 1;
    //以下是非法变量名
    $123 = 1;
    $12Ab = 1;
    $* a = 1;
?>
```

3. 创建（声明）PHP 变量

PHP 没有声明变量的命令，变量在第一次赋值时即被创建。

例如：

```
<?php
    $txt = "Hello world!";
    $x = 5;
    $y = 10.5;
?>
```

2.3.3 变量的赋值

变量的赋值有直接赋值、传值赋值和引用赋值 3 种方式。

1. 直接赋值

直接赋值就是使用"="直接将值赋给某变量。

例如：

```
<?php
    $name = "Lucy";
    $age = 25;
    echo $name;   //输出结果:Lucy
    echo $age;    //输出结果:30
?>
```

2. 传值赋值

传值赋值就是使用"="将一个变量的值赋给另一个变量。

例如：

```
<?php
```

```php
    $a = 10;
    $b = $a;
    echo $a;    //输出结果:10
    echo $b;    //输出结果:10
?>
```

3. 引用赋值

引用赋值是指一个变量引用另一个变量的值。

例如:

```php
<?php
    $a = 10;
    $b = & $a;
    $b = 20;
    echo $a;    //输出结果:20
    echo $b;    //输出结果:20
?>
```

思考:"传值赋值"与"引用赋值"例子中的变量 a 的值为什么不一样?

2.3.4 变量的作用域

变量的使用范围,也叫作变量的作用域。从程序上来讲,作用域就是变量定义的上下文的有效范围。根据变量使用的范围不同,可以把变量分为局部变量、全局变量和静态变量。

1. 局部变量

```php
<?php
$my_var = "good";      //$my_var 的作用域仅限于当前主程序
function my_fun(){
    $local_val = 1234;//local_var 的作用域仅限于当前函数
    echo '$local_var = '. $local_val. "<br>";//输出 1234
    echo '$my_var = '. $my_var. "<br>";//输出结果值为空
}
my_fun();       //调用 my_fun()函数
echo '$local_var = '. $local_val. "<br>";   //输出结果值为空
echo '$my_var = '. $my_var. "<br>";     //输出结果值为"good"
?>
```

2. 全局变量

```php
<?php
$my_global = 1;              //定义变量$my_global
function my_fun1(){           //函数 my_fun1()
    global $my_global;        //声明$my_global 为全局变量
    global $two_global;       //声明 Stow_global 为全局变量
```

```php
    echo '$my_global = '. $my_global. "<br>";//输出结果:1
    $two_global = 2;        //全局变量$two_global赋值为2
}
function my_fun2(){         //函数my_fun2()
    global $two_global;     //声明$two_global为全局变量
    echo '$two_global = '. $two_global. "<br>";//输出结果:2
    $tw_global = 3;
}
my_fun1();                  //调用函数my_fun1(),输出结果:1
my_fun2();                  //调用函数my_fun2(),输出结果:2
echo $two_global;
?>
```

3. 静态变量

```php
<?php
function fun1(){
    static $a = 10;         //定义静态变量
    $a += 1;
    echo '静态变量a的值为:'. $a. '<br>';
}
function fun2(){
    $b = 10;                //定义局部变量
    $b += 1;
    echo '局部变量b的值为:'. $b. '<br>';
}
fun1();                     //第1次调用函数fun1(),输出结果:11
fun1();                     //第2次调用函数fun1(),输出结果:12
fun1();                     //第3次调用函数fun1(),输出结果:13
fun2();                     //第1次调用函数fun2(),输出结果:11
fun2();                     //第2次调用函数fun2(),输出结果:11
fun2();                     //第3次调用函数fun2(),输出结果:11
?>
```

2.4 运算符

2.4.1 算术运算符

算术运算符号，是用来处理四则运算的符号，在数字的处理过程中，几乎都会使用到算术运算符号。需要特别注意的是除法、取模两个不同的运算符。

除法运算符总是返回浮点数，只有下列情况例外：两个运算数都是整数（或由字符串转换成的整数）并且正好能整除，这时它返回一个整数；取模运算符的操作数在运算之前都会转换成整数（除去小数部分）。取模运算符的结果和被除数的符号相同。

例如：

```php
<?php
$x =10;
$y =6;
echo($x +$y);//输出结果:16
echo '<br>';   //换行
echo($x - $y);//输出结果:4
echo '<br>';   //换行
echo($x * $y);//输出结果:60
echo '<br>';   //换行
echo($x/$y);//输出结果:1.6666666666667
echo '<br>';   //换行
echo($x % $y);//输出结果:4
echo '<br>';   //换行
echo -$x;//输出结果:-10
?>
```

2.4.2 字符串运算符

字符串运算符主要用来将两个字符串进行连接，从而拼接形成一个新的字符串。PHP 有两个字符串运算符："."和".="。

"."返回左、右参数连接后的字符串。

".="将右参数附加到左参数后面，可看成赋值运算符。

例如：

```php
<?php
    $a = "Hello ";
    $b = $a. "World!";   //输出结果:"Hello World!"
    echo $b;
    echo '<br>';
    $a = "Hello ";
    $a. = "World!";      //输出结果:"Hello World!"
    echo $b;
    echo '<br>';
?>
```

2.4.3 赋值运算符

赋值运算符的作用是将右边的值赋给左边的变量，基本的赋值运算符是"="。它的优先级别低于其他的运算符，所以对该运算符往往最后读取。

2.4.4 位运算符

位运算符是指对二进制位从低位到高位对齐后进行运算，它允许对整型数中指定的位进行求值和操作。表2-3列出了PHP所有的位运算符。

表2-3 PHP的位运算符

位运算符	作用	例子	说明
&	按位与	$a&$b	将 $a 和 $b 中都为1的位设为1
|	按位或	$a\|$b	将 $a 或 $b 中为1的位设为1
^	按位异或	$a^$b	将 $a 和 $b 中不同的位设为1
~	按位非	~$a	将 $a 中为0的位设为1，反之亦然
<<	左移	$a<<$b	将 $a 中的位向左移动 $b 次（每一次移动都表示"乘以2"）
>>	右移	$a>>$b	将 $a 中的位向右移动 $b 次（每一次移动都表示"除以2"）

例如：

```
<?php
//按位与(&),按位或(|),按位异或(^),按位非(~),左移(<<),右移(>>)
    $a =9;          //运算时会将9转换为二进制码1001
    $b =12;         //运算时会将12转换为二进制码1100
    echo($a & $b).'<br>';//与运算后二进制码为1000,输出结果:8
    echo($a | $b).'<br>'; //二进制码为1101,输出结果:13
    echo($a ^ $b).'<br>'; //二进制码为0101,输出结果:5
//下句输出结果:-10(在计算机中,负数以其正值的补码形式表达,~a = -(a+1))
    echo( ~ $a).'<br>';
    echo($a <<2).'<br>';  //二进制码为100100,输出结果:36
    echo($b >>2).'<br>';  //二进制码为11,输出结果:3
?>
```

2.4.5 自增或自减运算

自增、自减运算符的作用是在运算结束前（前置自增、自减运算符）或后（后置自增、自减运算符）将变量的值加1或减1。

相较于这些语言中的 += 和 -= 运算符，自增运算符更加简洁，可以控制效果作用于运算之前还是之后，具有很大的便利性。

例如：

```
<?php
    $x =10;
    echo ++$x;//输出结果:11
    $y =10;
    echo $y ++;//输出结果:10
    $z =5;
```

```
    echo --$z;//输出结果:4
    $i=5;
    echo $i--;//输出结果:5
?>
```

2.4.6 逻辑运算符

逻辑运算符用于处理逻辑运算操作,是程序设计中一组非常重要的运算符。PHP 的逻辑运算符见表 2-4。

表 2-4 PHP 的逻辑运算符

逻辑运算符	作用	例子	说明
&& 或 and	逻辑与	$a && $b 或 $a and $b	如果 $a 与 $b 都为 true,结果为 true
|| 或 or	逻辑或	$a || $b 或 $a or $b	如果 $a 或 $b 任意一个为 true,结果为 true
xor	逻辑异或	$a xor $b	如果 $a 或 $b 任意一个为 true,但不同时是 true,结果为 true
!	逻辑非	!$a	如果 $a 不为 true,结果为 true

例如:

```
<?php
    $x=6;
    $y=3;
    var_dump($x<10 and $y>1);//返回 true
    var_dump($x==6 or $y==5);//返回 true
    var_dump($x==6 xor $y==3);//返回 false
    var_dump($x<10 && $y>1);//返回 true
    var_dump($x==5 ||$y==5);//返回 false
    var_dump(!($x==$y));   //返回 true
?>
```

2.4.7 比较运算符

比较运算符用于对两个值进行比较,不同类型的值也可以进行比较,如果比较结果为真,则返回 True;否则,返回 False。表 2-5 列出了所有的比较运算符及其说明。

表 2-5 PHP 的比较运算符

比较运算符	作用	例子	说明
==	等于	$a==$b	如果 $a 等于 $b,结果为 true
===	全等	$a===$b	如果 $a 等于 $b,并且它们的类型也相同,结果为 true
!=	不等	$a!=$b	如果 $a 不等于 $b,结果为 true
<>	不等	$a<>$b	如果 $a 不等于 $b,结果为 true

续表

比较运算符	作用	例子	说明
!==	非全等	$a!==$b	如果 $a 不等于 $b,或者它们的类型不同,结果为 true
<	小于	$a<$b	如果 $a 小于 $b,结果为 true
>	大于	$a>$b	如果 $a 大于 $b,结果为 true
<=	小于或等于	$a<=$b	如果 $a 小于或等于 $b,结果为 true
>=	大于或等于	$a>=$b	如果 $a 大于或等于 $b,结果为 true

例如:

```php
<?php
    $x=100;
    $y="100";
    var_dump($x==$y);    //返回 true
    echo "<br>";
    var_dump($x===$y);   //返回 false
    echo "<br>";
    var_dump($x!=$y);    //返回 false
    echo "<br>";
    var_dump($x!==$y);   //返回 true
    echo "<br>";
    $a=50;
    $b=90;
    var_dump($a>$b);     //返回 false
    echo "<br>";
    var_dump($a<$b);?>   //返回 true
```

2.4.8　三元运算符

三元运算符可以提供简单的逻辑判断,应用格式为:

表达式1?表达式2:表达式3

如果表达式1的值为 true,则执行表达式2;否则,执行表达式3。
例如:

```php
<?php
    $test='PHP 微网站开发';
    //普通写法
    $username=isset($test)? $test:'nobody';
```

```
echo $username;

//PHP 5.3 + 版本写法
$username = $test?:'nobody';
echo $username;
?>
```

2.4.9 运算符的优先级

在一个表达式中可能包含多个由不同运算符连接起来的、具有不同数据类型的数据对象，由于表达式有多种运算，不同的运算顺序可能得出不同结果甚至出现错误，因为当表达式中含有多种运算时，必须按一定顺序进行结合，才能保证运算的合理性和结果的正确性、唯一性。PHP 的运算符优先级见表 2-6。

表 2-6 运算符的优先级

优先级	方向	运算符	备注
1	左到右	( )	括号
2	左到右	[ ]	数组
3	—	++、--	递增/递减运算符
4	—	!、~、(int)、(float)、(string)、(array)、(object)、@	类型
5	左到右	*、/、%	算术运算符
6	左到右	+、-、.	算术运算符和字符串运算符
7	左到右	<<、>>	位运算符
8	—	<、<=、>、>=	比较运算符
9	—	==、!=、===、!==	比较运算符
10	左到右	&	位运算符
11	左到右	^	位运算符
12	左到右	|	位运算符
13	左到右	&&	逻辑运算符
14	左到右	||	逻辑运算符
15	左到右	?:	三元运算符
16	右到左	+=、-=、/=、*=、=、%=、&=、|=、^=、<<==、>>==	赋值运算符
17	左到右	and	逻辑运算符
18	左到右	xor	逻辑运算符
19	左到右	or	逻辑运算符
20	左到右	,	分隔表达式

2.5 流程控制语句

流程控制语句确定了程序中的代码的运行流程，同时还定义了一些执行特性，例如某条语句是否执行，执行多少次，以及某个代码块何时交出执行控制权等。

2.5.1 程序的三种控制结构

程序设计的结构大致可以分为顺序结构、选择结构和循环结构三种。

1. 顺序结构

顺序结构是最基本的结构方式，各流程依次按顺序执行。执行顺序为开始→语句1→语句2→…→结束。

2. 选择（分支）结构

程序中的选择结构对给定的条件进行判断，当条件为真时，执行一个分支，条件为假时，执行另一个分支。

3. 循环结构

循环结构可以按照需要多次重复执行一行或多行代码。该结构分为前测试型循环和后测试型循环两种。

（1）前测试型循环

先判断后执行，当条件为真时，反复执行语句或语句块；当条件为假时，跳出循环，继续执行循环后面的语句。

（2）后测试型循环

先执行后判断，即先执行语句或语句块，再进行条件判断，直到条件为假时跳出循环，继续执行循环后面的语句；否则，将一直执行语句或语句块。

2.5.2 条件控制语句

条件控制语句就是对语句中不同条件的值进行判断，进而根据不同的条件执行不同的语句。在条件控制语句中，主要有 if 条件控制语句和 switch 多分支语句两种。

1. if 条件控制语句

if 条件控制语句是所有流程控制中最简单、最常用的一种，根据获取的不同条件判断并执行不同的语句。if 和 else 语句共有 3 种基本结构，此外，每种结构还可以嵌套另外两种结构，而且嵌套的层次可以不止一层。

（1）单 if 语句结构

例如：

```
if(expr){
    statement;
}
```

（2）if…else…语法结构

例如：

```
if(expr){
    statement1;
}else{
```

```
    statement2;
}
```

（3）if…elseif…语法结构

例如：

```
if(expr1){
    statement1;
}elseif(expr2){
    statement2;
}elseif(expr3){
    ...
}else{
    statementN;
}
```

2. switch 多分支语句

嵌套的 if 和 else 语句可以处理多分支流程情况，但使用起来比较烦琐，而且分析也不太清晰，为此，可以使用 swich 语句，以避免冗长的 if…elseif…else 代码块。

例如：

```
switch(expr){
    case expr1:
        statement1;
        break;
    case expr2:
        statement2;
        break;
    ...
    default:
        statementN;
}
```

2.5.3 循环控制语句

循环控制结构是程序中非常重要和基本的结构，它是在一定条件下反复执行某段程序的流程结构，这个被反复执行的程序称为循环体。PHP 中的循环语句有 while、do…while、for 等。

1. while 循环语句

while 循环语句的作用是让相同的代码块一次又一次地重复运行。while 循环语句对表达式的值进行判断，当表达式为非 0 值时，执行 while 循环体语句；当表达式值为 0 时，不执行循环体语句。该语句的特点是：先判断表达式，后执行语句。

语法格式：

```
while(expr)
{
    statment;
}
```

只要 while 表达式 expr 的值为 True，就重复执行 statment 语句；如果 while 表达式的值一开始就是 False，则循环语句一次也不执行。

例如：

```
<?php
    $t =1;   //初始化阶乘的值
    $i =1;   //循环变量
    While($i <=10){
        $t =$t* $i;   //累乘
        $i =$i +1;   //$i 自增 1
    }
    echo '10!='. $t. '<br>';   //输出结果:10!=3628800
?>
```

2. do…while 循环语句

do…while 也是循环控制语句中的一种，使用方式与 while 相似，也是通过判断表达式的值来输出循环语句。该语句的特点是：先执行语句，后判断表达式。

语法格式：

```
do
{
    statment;
}
while(expr);
```

该语句操作流程是：先执行一次指定的循环体语句，然后判断表达式的值，当表达式的值为非 0 时，返回重新执行循环体语句，如此反复，直到表达式的值等于 0 为止，此时循环结束。其特点是先执行循环体，然后判断循环条件是否成立。

例如：

```
<?php
    $t =1;   //初始化阶乘的值
    $i =1;   //循环变量
    do{
        $t =$t* $i;   //累乘
        $i =$i +1;   //$i 自增 1
    }while($i <=10);
```

```
        echo"10!=". $t."<br>";    //输出结果为 3628800
?>
```

3. for 循环语句

for 循环语句是循环控制语句中较为复杂的一种。拥有 3 个条件表达式。

语法格式：

```
for(expr1;expr2;expr3)
{
        statment;
}
```

其执行过程是：首先执行表达式 1，然后执行表达式 2，并对表达式 2 的值进行判断。如果值为真，则执行 for 循环语句的循环体；如果为假，则循环结束，跳出 for 循环语句。最后执行表达式 3，然后返回表达式 2 继续循环执行。

例如：

```
<?php
 $product=1;
 for($t=1;$t<=10;$t++)
 {
   $product=$product* $t;
 }
 echo '10!='. $product. '<br>';//输出结果为 10!=3628800
?>
```

4. foreach 循环语句

foreach 语句也属于循环控制语句，一般用于遍历数组，当试图将其用于其他数据类型或者一个未初始化的变量时，会产生错误。

例如：

```
<?php
$x=array("one","two","three");
foreach($x as $value)
{
    echo $value."<br>";
}
?>
```

2.5.4 break 和 continue 语句

1. break 语句

break 可以结束当前 for、foreach、while、do…while 或 switch 结构的执行。当程序执行到 break 语句时，就立即结束当前循环。

例如：

```php
<?php
$i=1;
While($i<10)
{
   if($i>3)
       break;    //当$i=3时,结束while循环
   echo $i.'<br>';    //输出$i,$i最后输出的值只有1,2,3
   $i++;        //$i自增1
}
?>
```

2. continue 语句

continue 语句用于结束本次循环，跳过剩余的代码，并在条件求值为真时开始下一次循环。

例如：

```php
<?php
$i=5;
for($j=0;$j<10;$j++)
{
   if($j==$i)
       continue;    //跳出本次循环
   echo $j;    //输出结果是 012346789
}
?>
```

【任务实施】

1. 任务介绍与实施思路

本任务使用 for 的嵌套循环实现九九乘法表。

2. 功能实现过程

①启动 XAMPP 集成开发工具，测试服务器是否正常启动。

②启动 PHP 编辑软件 HBuilderX，新建 PHP 文件。

③编辑程序，输入代码。

```php
<?php
for($i=1;$i<=9;++$i){
    for($j=1;$j<=$i;++$j){
        echo " $j*$i=".$i*$j."    ";
    }
    echo "<br>";
```

```
}
?>
```

输出结果如图 2-1 所示。

```
1*1=1
1*2=2 2*2=4
1*3=3 2*3=6 3*3=9
1*4=4 2*4=8 3*4=12 4*4=16
1*5=5 2*5=10 3*5=15 4*5=20 5*5=25
1*6=6 2*6=12 3*6=18 4*6=24 5*6=30 6*6=36
1*7=7 2*7=14 3*7=21 4*7=28 5*7=35 6*7=42 7*7=49
1*8=8 2*8=16 3*8=24 4*8=32 5*8=40 6*8=48 7*8=56 8*8=64
1*9=9 2*9=18 3*9=27 4*9=36 5*9=45 6*9=54 7*9=63 8*9=72 9*9=81
```

图 2-1　九九乘法表

【任务拓展】

简单分数判定器

设计一个简单的考试成绩等级判定器，将分数输入判定器中，判断该分数属于什么等级，等级分为 A、B、C、D、E 五种。其中 60 分以下为 E，60~70 分为 D，70~80 分为 C，80~90 分为 B，90 分或 90 分以上为 A。

单元二
PHP 函数与数据处理

> 学习目标
>
> 1. 了解并掌握 PHP 函数及定义函数。
> 2. 了解并掌握 PHP 系统函数库。
> 3. 掌握 PHP 的数组遍历与排序。
> 4. 掌握 PHP 的字符串函数。
> 5. 掌握 PHP 的日期和时间函数。
> 6. 掌握 PHP 的目录操作。
> 7. 掌握 PHP 的文件操作。

任务 3　PHP 函数

【引例描述】

计算机编程是为了帮助人们处理大量太难或太乏味的任务,从财务计算到计算虚拟玩家在视频游戏中发射的足球轨迹,我们经常会发现这些任务由一些逻辑组成,这些逻辑不仅可以在同一个应用程序中重用,还可以在许多其他应用程序中重用。例如,现在很多网站在注册模块中都需要使用短信验证。用于短信验证的逻辑比较复杂,因此最好将短信验证功能的代码聚集在一个位置,而不是嵌入多个页面中。庆幸的是,在代码的命名部分体现这些重复过程,然后在必要时调用该名称的方法长期以来一直是编程语言的关键特征。这段代码被称为函数,在后期需要修改的时候,只需要修改这段代码,大大减少了编程错误的可能性和维护的开销。

PHP 的真正威力便是源自它的函数,PHP 有 1 000 多个系统函数,而且可以很容易地创建自己的函数。在本任务中,将学习有关 PHP 函数的知识,包括如何创建和调用它们、向它们传递输入、向调用者返回单个和多个值。

【任务陈述】

本任务将通过 PHP 的日期、字符串、表格等相关函数,对时间、字符串及表格进行操作，以实现一个简单的日历功能。

【知识准备】

3.1 PHP 函数

函数（function）是一段完成指定任务的已命名代码块。函数可以遵照给它的一组值或参数完成特定的任务，并且可能返回一个值。在 PHP 中有两种函数：自定义函数与系统函数。函数具有以下特点：

- 控制程序设计的复杂性。
- 提高软件的可靠性。
- 提高软件的开发效率。
- 提高软件的可维护性。
- 提高程序的重用性。

3.1.1 定义和调用函数

自定义函数语法格式：

1. 创建函数

```
function 函数名称([参数1[,参数2[,…]]]){
    程序内容(函数体);
    [return 返回值;]//当需函数有返回值时使用
}
```

例如：

```
function myTest(){
    echo "Hello World!";
}
```

2. 调用函数

```
函数名称([参数1[,参数2[,…]]];
```

例如：

```
myTest();
```

3. 函数名称

函数名称是函数在程序代码中的识别名称，函数名以字母或下划线开头，后面跟零个或多个字母、下划线和数字的任何字符串。函数名不区分大小写。命名函数时，不可使用已声明的函数或 PHP 内建的函数名称。

4. 参数

所谓参数，就是用来把数值由函数外部传入函数体中，并进行运算处理。参数之间用","号隔开。当函数不需要任何数值传入时，可以省略参数。

例如：

```php
<?php
    function sayHello(){
        echo "Hello World!";
    }
    sayHello();//调用函数
?>
```

3.1.2 函数间的参数传递

可以通过参数向函数传递信息，参数类似于变量，被定义在函数名之后的括号内。可以添加多个参数，使用逗号隔开即可。下面的例子中，函数有一个参数$fname。当调用 familyName() 函数时，同时要传递一个名字（例如 Bill），这样会输出不同的名字，但是姓氏相同。

例如：

```php
<?php
    function familyName($fname){
        echo "Zhang $fname.<br>";
    }
    familyName("Bill");
    familyName("Tong");
    familyName("Yun");
    familyName("Mei");
?>
```

3.1.3 函数的返回值

如需让函数返回一个值，需要使用 return 语句。下面例子中，通过将 $a、$b 两个参数相加，返回一个 $total 值作为两个数的和。

例如：

```php
<?php
    function add($a,$b){
        $total = $a + $b;
        return $total;
    }
    echo "1 + 16 = ". add(1,16);
?>
```

3.1.4 变量函数

用户可以在一个变量的后面添加()，这时 PHP 会寻找与变量名同名的函数，并执行它。也就是说，可以通过改变变量的值来调用不同的函数。例如，下面的例子中首先声明了两个函数 dog() 和 cat()，然后初始化两个变量，它们的值分别为 dog 和 cat，最后使用变量调用函数。

例如：

```php
<?php
    function dog(){   //定义 dog()函数
        echo "A dog()<br>";
    }
    function cat($arg){   //定义 cat()函数
        echo "A cat();Argument was '$arg'.<br>\n";
    }
    $func = 'dog';
    $func();   //使用变量调用函数 dog()
    $func = 'cat';
    $func('TEST');   //使用变量调用函数 cat()
?>
```

上面的 PHP 代码先调用函数 dog()，然后使用参数 TEST 调用 cat() 执行。

3.1.5 函数的引用

PHP 的引用是指不同的名字访问同一个变量内容，引用的方式是在变量或者函数、对象等前面加上 & 符号。PHP 中的引用包括变量引用、函数引用和对象引用。这与 C 语言中的指针是有差别的，C 语言中的指针里面存储的是变量的内容，在内存中存放的是地址。

1. 变量的引用

PHP 的引用允许使用两个变量来指向同一个内容。

例如：

```php
<?php
    $a = "ABC";
    $b = &$a;
    echo $a;//这里输出 ABC
    echo $b;//这里输出 ABC
    $b = "EFG";
    echo $a;//这里$a 的值变为 EFG,所以输出 EFG
    echo $b;//这里输出 EFG
?>
```

2. 函数的引用

例如：

```php
<?php
    function &test(){
        static $b=0;//声明一个静态变量
        $b=$b+1;
        echo $b;
```

```
        return $b;
    }
    $a = test();//这条语句输出$b 的值 1
    $a = 5;
    $a = test();//这条语句输出$b 的值 2
    $a = &test();//这条语句输出$b 的值 3
    $a = 5;
    $a = test();//这条语句输出$b 的值 6
?>
```

3. 对象的引用

例如：

```
<?php
    class a{
        var $abc = "ABC";
    }
    $b = new a;
    $c = $b;
    echo $b -> abc;//这里输出 ABC
    echo $c -> abc;//这里输出 ABC
    $b -> abc = "DEF";
    echo $c -> abc;//这里输出 DEF
?>
```

3.2 PHP 系统函数库

标准的 PHP 发行包中有 1 000 多个系统函数，这些函数都可以在 PHP 脚本中通过指定函数名直接调用，包括变量函数、数学函数、字符串函数、日期时间函数等。调用系统函数和调用自定义函数的方式一样。当定义一个函数提供给调用者使用时，还需要提供一些帮助信息。这样用户在调用函数时，就不需要花大量时间去研究函数内部是如何执行的，按照帮助文档就可以完成函数的调用。

在 PHP 中，所有的系统函数都给我们提供了详细的帮助信息，这些函数的帮助信息都可以在 PHP 官方手册中找到。

3.2.1 PHP 变量函数库

PHP 提供了许多内置函数，其中就包括变量函数。但并不是函数库中提供的所有的函数都会用到，因此，编程时只需要熟悉一些常用的函数即可。表 3 – 1 列出了一些常用的变量函数。

表 3-1　常用变量函数

类型	说明
empty( )	检查一个变量是否为空
gettype( )	获取变量的类型
is_array( )	检测变量是否是数组
is_bool( )	检测变量是否是布尔型
is_float( )	检测变量是否是浮点型
is_int( )	检测变量是否是整数
print_r( )	以易于理解的格式打印变量
unset( )	释放给定的变量
var_dump( )	打印变量的相关信息

下面的程序代码说明了其含义和作用。

```php
<?php
    $a = 100;
    gettype($a);            //检查变量的类型,输出 integer
    settype($a, 'double');  //设置$a 变量为 double 类型
    is_array($a);           //检查变量是否是数组,返回 true 或 false
    isset($a);              //检查变量是否存在,即是否被初始化
    empty($a);              //检查变量是否存在
    unset($a);              //销毁变量
?>
```

3.2.2　PHP 数学函数库

PHP 拥有大量的数学函数,为开发者进行数学运算提供了便利。表 3-2 列出了一些常用的数学函数。

表 3-2　常用数学函数

类型	说明
abs( )	返回一个数的绝对值
ceil( )	向上舍入为最接近的整数
floor( )	向下舍入为最接近的整数
max( )	返回一个数组中的最大值,或者几个指定值中的最大值
min( )	返回一个数组中的最小值,或者几个指定值中的最小值
rand( )	返回随机整数
round( )	对浮点数进行四舍五入

下面的程序代码说明了其含义和作用。

```php
<?php
    echo abs(-1).'<br>';           //取绝对值函数
    echo ceil(1).'<br>';           //取大于参数的最小整数
    echo ceil(-1.1).'<br>';
    echo floor(1.1).'<br>';        //取小于参数的最大整数
    echo floor(-1.1).'<br>';
    echo max(1,2).'<br>';          //取1和2的最大值
    $arr = array(1,2,3,4,5,7,6);
    echo max($arr).'<br>';         //取整型数组里的最大值
    echo pow(5,2).'<br>';          //输出5的2次方的值
    echo round(1.511).'<br>';      //四舍五入函数
    for($i=0;$i<1000;$i++){
    //取 0~9 之间的整数值,可以取到上、下限的值
    $temp = rand(0,9);
    }
?>
```

3.2.3 PHP 字符串函数库

PHP 提供了大量的字符串函数,字符串的处理函数在 PHP 开发中的作用非常大,需要熟练运用这些函数。表 3-3 列出了一些常用的字符串函数。

表 3-3 常用字符串函数

类型	说明
echo( )	输出一个或多个字符串
explode( )	把字符串打散为数组
print( )	输出一个或多个字符串
str_replace( )	替换字符串中的一些字符（大小写敏感）
str_split( )	把字符串分割到数组中
strlen( )	返回字符串的长度
strstr( )	查找字符串在另一个字符串中的第一次出现处（大小写敏感）
trim( )	移除字符串两侧的空白字符和其他字符

下面的程序代码说明了其含义和作用。

1. trim

ltrim、rtrim 分别表示左空格和右空格。

```
$name = '  xueyuan  ';
$newname = trim($name);     //去掉前、后空格
$mame1 = ltrim($name);
$mame2 = rtrim($name);
```

2. strlen

strlen 表示获取字符串长度。

```php
$info = 'All the world';
echo(strlen($info));
```

3. explode

explode 表示字符串分割。

```php
$arr = explode(',','a,d,a,f,r');
foreach($arr as $a)
{
    //以空格分隔字符串
    echo($a.' ');
}
```

3.2.4 PHP 日期和时间函数库

PHP 通过内置的日期和时间函数完成对日期和时间的各种操作，利用这些函数可以方便地获得当前的日期和时间，也可以生成一个指定时刻的时间戳，还可以用各种各样的格式来输出这些日期、时间。表 3-4 列出了一些常用的字符串函数。

表 3-4 常用日期和时间函数

类型	说明
checkdate( )	验证格利高里日期
date( )	格式化本地日期和时间
localtime( )	返回本地时间
microtime( )	返回当前 UNIX 时间戳的微秒数
time( )	返回当前时间的 UNIX 时间戳
strftime( )	根据区域设置格式化本地时间/日期
strptime( )	解析由 strftime( )生成的时间/日期
date_diff( )	返回两个日期间的差值
date_format( )	返回根据指定格式进行格式化的日期

1. 时间戳的基本概念

时间戳（timestamp）是 PHP 中关于时间/日期一个很重要的概念，它表示从 1970 年 1 月 1 日 00:00:00 到当前时间的秒数之和。PHP 提供了内置函数 time( )来取得服务器当前时间的时间戳。

2. 时间转换为时间戳

如果要将用字符串表达的日期和时间转换为时间戳的形式，可以使用 strtotime( ) 函数，语法格式：

```
int strtotime( string $time[ ,int $now])
```

例如：

```
<?php
    echo strtotime('2020-12-25').'<br>';//输出:1608850800
    //输出:1608895230
    echo strtotime('2020-12-25 12:20:30').'<br>';
    //输出:1596837600
    echo strtotime('08 August 2020').'<br>';
?>
```

如果给定的年份是两位数字的格式，则年份值 0～69 表示 2000～2069、70～100 表示 1970～2000。

另一个函数是 mktime() 函数，语法格式：

int mktime([int $hour[,int $minute[,int $second[,int $month[,int $day[,int $year]]]]]])

如果所有参数都为空，则默认为当前时间。

例如：

```
<?php
    //获取2020年8月7日19时15分0秒的时间戳
    echo mktime(19,15,0,7,8,2020);
?>
```

3. 获取日期和时间 date() 函数

PHP 中最常用的日期和时间函数就是 date() 函数，该函数的作用是将时间戳按照给定的格式转换为具体的日期和时间字符串，语法格式如下：

string date(string $format[,int $timestamp])

$format 指定了转换后日期和时间的格式；$timestamp 是需要转换的时间戳，如果省略，则使用本地当前时间，即默认为 time() 函数的值。

date() 函数的 $format 参数见表 3-5。

表 3-5　$format 参数

字符	说明	返回值例子
d	月份中的第几天，前导为 0 的 2 位数字	01～31
D	星期中的第几天，用 3 个字母表示	Mon～Sun
j	月份中的第几天，没有前导零	1～31
l	星期几，完整的文本格式	Sunday～Saturday
S	每月天数后面的英文后缀，用 2 个字符表示	st、nd、rd 或 th，可以和 j 一起用
w	星期中的第几天，用数字表示	0（星期天）～6（星期六）

续表

字符	说明	返回值例子
z	年份中的第几天	0～366
F	月份，完整的文本格式，如 January 或 March	January～December
m	数字表示的月份，有前导零	01～12
M	三个字母缩写表示的月份	Jan～Dec
n	数字表示的月份，没有前导零	1～12
t	给定月份所应有的天数	28～31
L	是否为闰年	如果是，闰年为1；否则，为0
Y	4位数字完整表示的年份	例如，1999 或 2003
y	2位数字表示的年份	例如，99 或 03
a	小写的上午和下午值	am 和 pm
A	大写的上午和下午值	AM 和 PM
g	小时，12小时格式，没有前导零	1～12
G	小时，24小时格式，没有前导零	0～23
h	小时，12小时格式，有前导零	01～12
H	小时，24小时格式，有前导零	00～23
i	有前导零的分钟数	00～59
s	秒数，有前导零	00～59

例如：

```
<?php
    echo date('jS-F-Y').'<br>';
    echo date('现在时间:Y年-m月-d日 H:i:s').'<br>';
    echo date('l M',strtotime('2020-08-08')).'<br>';
    echo date('l',mktime(0,0,0,7,1,2020)).'<br>';
?>
```

4. 其他常用的日期和时间函数

(1) 日期和时间的计算

由于时间戳是32位整型数据，所以通过对时间戳进行加减法运算可计算两个时间的差值。

例如：

```
<?php
    $oldtime = mktime(0,0,0,7,20,2016);
    $newtime = mktime(0,0,0,12,12,2020);
    $day = ($newtime - $oldtime)/(24*3600);
```

```
        echo '2016-7-20 至 2020-12-12 相差：'. $day. '天。<br>';
?>
```

(2) 检查日期

checkdate() 函数可用于检查一个日期是否有效，语法格式如下：

bool checkdate(int $monthk, int $day, int $year)

例如：

```
<?php
    //2020 年 2 月 29 日不存在，所以是 false
    var_dump(checkdate(2,29,2015));
    //2016 年 2 月 29 日存在，所以是 true
    var_dump(checkdate(2,29,2016));
?>
```

(3) 设置时区

PHP 提供了可以修改时区的函数 date_default_timezone_set()，语法格式如下：

bool date_default_timezone_set(string $timezone_identifier)

例如：

```
<?php
    date_default_timezone_set('PRC');
    echo date('Y-m-d H:i:s');
?>
```

【任务实施】

1. 任务介绍与实施思路

本任务使用 cal_days_in_month() 函数实现简单的日历，该函数针对指定的年份和历法，返回一个月中的天数。

2. 功能实现过程

①启动 XAMPP 集成开发工具，测试服务器是否正常启动。
②启动 PHP 编辑软件 HBuilderX，新建 PHP 文件。
③编辑程序，输入代码。

```
<?php
  echo '<table border="1">'
    <thead>
      <tr>
        <th>日</th>
        <th>一</th>
        <th>二</th>
```

```
            <th>三</th>
            <th>四</th>
            <th>五</th>
            <th>六</th>
          </tr>
        </thead>
        <tbody>';
    $date='2021-08';//显示8月份日历
    $date_array=explode('-',$date);
    $start_week=0;//从星期天开始为0
    $month=cal_days_in_month(CAL_GREGORIAN,$date_array[1],$date_
array[0]);//当月的天数
    $wstar=date('w',strtotime($date.'-01'));//当月从星期几天始
    $rows=ceil(($wstar+$month)/7);//总行数
    $mday=1;//第几天
    for($i=0;$i<$rows;$i++){
      echo '<tr>';
      for($d=0;$d<7;$d++){
        $nowday=7 * $i+$d+$start_week;
        if($nowday>=$wstar && $mday<=$month){
          $temp=date('d',strtotime($date.'-'.$mday));
          echo '<td>'.$temp.'</td>';
          $mday++;
        }else{
          echo '<td> </td>';
        }
      }
      echo '</tr>';
    }
  echo '</tbody>
</table>';
?>
```

输出结果如图3-1所示。

日	一	二	三	四	五	六
01	02	03	04	05	06	07
08	09	10	11	12	13	14
15	16	17	18	19	20	21
22	23	24	25	26	27	28
29	30	31				

图3-1 简单日历

单元二　PHP 函数与数据处理

【任务拓展】

获取 MD5 的用户密码值

　　MD5 是计算机安全领域广泛使用的一种散列函数，用于提供消息的完整性保护，并用于确保信息传输完整一致。其是计算机广泛使用的杂凑算法之一（又译摘要算法、哈希算法），主流编程语言普遍已有 MD5 实现。在用户注册系统中，为了保证用户密码的安全性，通常将注册的密码以 MD5 的方式进行加密存储至服务器中。

　　请通过学习的自定义函数、系统函数，实现用户输入用户名和密码后，单击"注册"按钮来显示 MD5 加密后的密码值。

任务 4　PHP 数组与字符串

【引例描述】

　　作为程序员，会有大部分时间都花在处理数据集上。数据集的一些示例包括学校所有学生的姓名及其相应的出生日期，以及 2000—2021 年之间的年份。事实上，数据集的使用非常普遍，以至于在代码中管理这些组的方法是所有主流编程语言的共同特征。在 PHP 语言中，该功能称为数组，它提供了一种存储、操作、排序和检索数据集的理想方式。

【任务陈述】

　　本任务将通过学习 PHP 数组及相关的函数，来实现一个简单的考试成绩总分和平均分的计算功能。

【知识准备】

4.1　数组

　　数组是一个能在单个变量中存储多个值的特殊变量。数组提供了一种快速、方便地管理一组有关数据的方法，是 PHP 程序设计中的重要内容。通过数组可以对大量性质相同的数据进行存储、排序、插入及删除等操作，从而有效地提高程序开发效率及改善程序的编写方式。

4.1.1　数组的创建和初始化

创建数组一般有以下几种方法：

1. 使用 array( ) 函数创建数组

语法格式如下：

array array([$keys =>]$keys,…)

　　语法"$keys =>$values"，用逗号分开，定义了关键字的键名和值，自定义键名可以是字符串或数字。如果全部未指定键名，系统会自动产生从 0 开始的整数作为键名。部分给出的值没有指定键名的情况，则键名取该值前最大的整数键名加 1 的值。

例如：

```php
<?php
//定义不带键名的数组
$array1 = array(1,2,3,4);
//定义带键名的数组
$array2 = array('color' => 'red','name' => 'Mike',
    'number' => '01');
//定义省略某些键名的数组
$array3 = array(1 =>2,2 =>4,5 =>6,8,10);
?>
```

2. 使用变量创建数组

语法格式如下：

Array compact(mixed $varname[,mixed…])

通过使用 compact( ) 函数，可以把一个或多个变量，甚至数组，创建成数组元素，这些数组元素的键名就是变量的变量名，值是变量的值。

例如：

```php
<?php
$n =15;
$str = 'hello';
$array = array(1,2,3);
$newarray = compact('n','str','array');
print_r($newarray);
?>
```

3. 使用两个数组创建一个数组

语法格式：

array array_combine(array $keys, array $values)

使用 array_combine( ) 函数可以将两个数组创建成另外一个数组。
例如：

```php
<?php
$a = array('green','red','yellow');
$b = array('avocado','apple','banana');
$c = array_combine($a,$b);
print_r($c);
?>
```

4. 创建指定范围的数组
语法格式：

```
array range(mixed $low,mixed $high [,number $step])
```

使用 range() 函数可以自动创建一个值在指定范围的数组，$low 为数组开始元素的值，$high 为数组结束元素的值，$step 是单元之间的步进值。

例如：

```php
<?php
$array1 = range(1,5);
$array2 = range(2,10,2);
$array3 = range('a','e');
print_r($array1);
print_r($array2);
print_r($array3);
?>
```

4.1.2 键名和键值

1. 检查数组中的键名和键值

检查是否存在某个键名可以使用 array_key_exists() 函数，键值使用 in_array() 函数的数组。array_key_exists() 和 in_array() 函数都为布尔型。

例如：

```php
<?php
$color = array('red','green','blue');
$age = array('eter'=>40,'ben'=>38,'joe'=>4);
var_dump(array_key_exists('1',$color));
var_dump(in_array('38',$age));
?>
```

2. 取得数组当前单元的键名

使用 key() 函数可以取得数组当前单元的键名。

例如：

```php
<?php
$array = array('a'=>1,'b'=>2,'c'=>3,'d'=>4);
echo key($array);//输出 a
next($array);//将数组中的内部指针向前移动一位
echo key($array);//输出 b
?>
```

3. 将数组中的赋值给指定的变量

使用 list() 函数可以将数组中的值赋给指定的变量。

例如：

```php
<?php
$arr = array('红色','蓝色','绿色');
//将数组$arr 中的值赋给 3 个变量
    list($red,$blue,$green) = $arr;
echo $red;
echo $blue;
echo $green;
?>
```

4. 用指定的值填充数组的键值和键名

使用 array_fill() 和 array_fill_keys() 函数可以用指定的值填充数组的值和键名。
array_fill() 函数的语法格式如下：

`array array_fill(int $start_index, int $num, mixed $value)`

array_fill() 函数用参数 $value 的值将一个数组从第 $start_index 个单元开始，填充 $num 个单元。$num 必须是一个大于零的数值，否则 PHP 会发出一条警告。
array_fill_keys() 函数的语法格式如下：

`array array_fill_keys(array $keys, mixed $value)`

array_fill_keys() 函数用给定的数组 $keys 中的值作为键名，$value 作为值，并返回新数组。

例如：

```php
<?php
//从第二个单元开始填充三个'red'
    $array1 = array_fill(2,3,'red');
$keys = array('a',3,'b');
//使用$keys 数组中的值作为键名
    $array2 = array_fill_keys($keys,'good');
print_r($array1);
print_r($array2);
?>
```

5. 取得数组中所有的键名和值

使用 array_keys() 和 array_values() 函数可以取得数组中所有的键名和值，并保存到一个新的数组中。

例如：

```php
<?php
$arr = array('red' => '红','blue' => '蓝','green' => '绿');
```

```php
$newarr1 = array_keys($arr);//取得数组中的所有键名
$newarr2 = array_values($arr);//取得数组中的所有值
print_r($newarr1);
print_r($newarr2);
?>
```

6. 移除数组中重复的值

使用 array_unique() 函数可以移除数组中重复的值，返回一个新数组，并且并不会破坏原来的数组。

例如：

```php
<?php
$input = array(1,2,3,2,3,4,1);
//移除$input 数组中重复的值
$output = array_unique($input);
print_r($output);
?>
```

4.1.3 数组的遍历

遍历数组就是按照一定的顺序依次访问数组中的每个元素，直到访问完为止。在 PHP 中，可以通过流程控制语句（while、for、foreach 循环语句）和函数（list() 和 each()）来遍历数组。

1. 使用 while 循环访问数组

PHP 中通过 while 循环与 list()、each() 函数结合使用实现对数组的遍历。

each() 函数：需要传递一个数组作为参数，返回数组当前元素的键值，并向后移动数组的指针到下一个元素，直到末端返回 false。

list() 函数：不是真正的函数，list() 用一步操作给一组变量进行赋值，即把数组中的值赋给一些变量，仅能用于数字索引的数组。

例如：

```php
<?php
$arr = array(1,2,3,4,5,6);
//直到数组指针到数组尾部时停止循环
while(list($key,$value) = each($arr)){
    echo $value;//输出 123456
}
?>
```

2. 使用 for 循环访问数组

例如：

```php
<?php
$array = range(1,10);
```

```php
for($i =0;$i <10;$i ++){
    echo $array[$i];
}
?>
```

3. 使用 foreach 循环访问数组

语法格式一：

```
foreach(array_expression as $value)
```

语法格式二：

```
foreach(array_expression as $key =>$value)
```

格式一在每次循环中，当前元素的值被赋给变量 $value，并且把数组内部的指针向后移动一步。下一次循环中会得到数组的下一个元素，直到数组的结尾才停止循环，结束数组的遍历。格式二与格式一不同的是，当前元素的键名也会赋给 $key。

例如：

```php
<?php
$color = array('a' => 'red','blue','white');
foreach($color as $value){
    echo $value.'<br>';//输出数组的值
}
foreach($color as $key =>$value){
    //输出数组的键名和值
    echo $key.' => '. $value.'<br>';
}
?>
```

4.1.4 数组的排序

在 PHP 的数组操作函数中，有专门对数组进行排序的函数，使用这些函数可以对数组进行升序或降序排序。

1. 升序排序

（1）sort() 函数

对已定义的数组进行排序。

语法格式：

```
bool sort(array $array [,int $sort_flags])
```

sort() 函数不仅对数组信息排序，同时删除了原来的键名，并重新分配自动索引的键名。

例如：

```php
<?php
    $numbers = array(4,6,2,22,11);
```

```php
    sort($numbers);
?>
```

(2) asort() 函数

语法格式和 sort() 类似,但使用 asort() 函数排序后的数组仍然保持键名和值之间的关联。

例如:

```php
<?php
    $age = array('Peter' => '35','Ben' => '37','Joe' => '43');
    asort($age);
?>
```

(3) ksort() 函数

用于对数组键名进行排序。排序后,键名和值之间的关联不改变。

例如:

```php
<?php
$age = array('Peter' => '35','Ben' => '37','Joe' => '43');
ksort($age);
?>
```

2. 降序排序

rsort() 按数组中的值降序排序,并将数组键名修改为一维数组键名;arsort() 将数组中的值按降序排序,不改变键名和值之间的关联;krsort() 将数组中的键名按降序排序。

3. 对多维数组排序

语法格式:

bool array_multisort (array $ar1 [, mixed $arg [, mixed $... [, array $...]]])

array_multisort() 对多个数组或多维数组进行排序,字符串键名保持不变,但数字名会被重新索引。

例如:

```php
<?php
$a1 = array('Dog','Dog','Cat');
$a2 = array(3, 2, 5);
array_multisort($a1, $a2);
print_r($a1);
print_r($a2);
?>
```

4. 对数组重新排序

(1) shuffle() 函数

将数组按照随机的顺序排列，并删除原有的键名，建立自动索引。
例如：

```php
<?php
$arr = range(1,10);//产生有序数组
foreach($arr as $value)
    echo $value;
shuffle($arr);//打乱数组顺序
foreach($arr as $value)
    echo $value.'<br>';//输出新的数组,每次运行结果不一样
?>
```

（2）array_reverse( ) 函数

语法格式：

array array_reverse(array $array [,bool $preserve_keys])

array_reverse( ) 的作用是将一个数组单元按相反顺序排序。
例如：

```php
<?php
$array = array('x'=>1,2,3,4);
$arr1 = array_reverse($array);
$arr2 = array_reverse($array,true);
print_r($arr1);
print_r($arr2);
?>
```

5. 自然排序

natsort( ) 函数实现对字母、数字、字符串进行排序的功能，并保持原有键和值的关联。
例如：

```php
<?php
$array1 =$array2 = array('imag12','img10','img2','img1');
sort($array1);//使用sort()函数排序
//输出:array([0] => imag12 [1] => img1 [2] => img10 [3] => img2
print_r($array1);
natsort($array2);
//输出:array([0] => imag12 [3] => img1 [2] => img2 [1] => img10
print_r($array2);
?>
```

4.2 字符串

字符串是 PHP 中主要的数据类型。在 Web 应用中,很多情况下都需要字符串进行处理和分析,通常会涉及字符串的格式化,字符串的连接和分割、字符串的比较和查找等一系列操作。

4.2.1 字符串的显示

字符串的显示可以使用 echo( ) 和 print( ) 函数,两个函数不完全一样。两个函数的区别是 print( ) 具有返回值,而 echo( ) 没有。所以 echo( ) 比 print( ) 要快一些,也正是因为这个原因,print( ) 能用于复合语句中,而 echo( ) 不能。

例如:

```
<?php
    $result=print 'ok';   //输出:ok
    echo $result;   //输出:1
?>
```

另外,echo( )函数可以一次输出多个字符串,而 print( )函数不可以。

例如:

```
<?php
    echo 'I','love','PHP';   //输出:IlovePHP
    print 'I','love','PHP';//将提示错误
?>
```

4.2.2 字符串的格式化

在程序运行过程中,字符串有时并不是以用户所需要的形式出现的,此时就需要对该字符串进行格式化处理。

函数 printf( ) 可以将一个通过替换值建立的字符串输出到格式字符串中,这和 C 语言中的 printf( ) 函数的结构和功能一致。语法格式如下:

```
printf(format,arg1,arg2,arg++)
```

第 1 个参数 $fromat 用于规定字符串及如何格式化其中的变量。arg1、arg2、arg++ 参数将被插入主字符串中的百分号(%)处。该函数是逐步执行的。在第一个%符号处,插入 arg1,在第二个%符号处,插入 arg2,依此类推。如果%符号多于 arg 参数,则必须使用占位符,占位符被插入%符号之后,由数字和"\$"组成。\$代表有多个值准备格式化,比如%1、%2、%3 后都要加 \$,代表一行中有多个参数。

例如:

```
<?php
$number=123;
printf('%f<br>',$number);
$number=123;
printf("有两位小数:%1\$.2f<br>没有小数:%1\$u<br>",
```

```
$number);
$str1 = 'Hello';
$str2 = 'Hello world! ';
printf('[%s]<br>',$str1);
printf('[%8s]<br>',$str1);
printf('[%-8s]<br>',$str1);
printf('[%08s]<br>',$str1);
printf("[%'*8s]<br>",$str1);
printf('[%8.8s]<br>',$str2);
?>
```

4.2.3 常用的字符串操作函数

1. 计算字符串的长度

在操作字符时，可以使用 strlen() 函数计算字符串的长度。
格式如下：

```
int strlen(string $string)
```

该函数返回字符串的长度，1个英文字母长度为1个字符。对于1个汉字占几个字节，不同的字符集是不同的。如果环境变量设置为UTF8，则1个汉字占3个字节；如果设置成GBK（或GB 2312），则1个汉字占2个字节。字符串中的空格也算是1个字符。

例如：

```
<?php
header('Content-Type:text/html;charset=utf-8');
$str1 = 'hello';
echo strlen($str1);       //输出:5
$str2 = '中华民族';
echo strlen($str2);       //输出:12
?>
```

2. 改变字符串的大小写

使用 strtolower() 函数可以将字符串全部转换为小写，使用 strtoupper() 函数可以全部转换为大写。
例如：

```
<?php
echo strtolower('HelLo,WorLD');    //输出:hello,world
echo strtoupper('hEllO,wOrLd');    //输出:HELLO,WORLD
?>
```

3. 字符串的裁剪

当一个字符串的首和尾有多余的空白字符时，如空格、制表符等，参与运算时，就可能产生错误的结果，此时往往需要使用字符串裁剪函数对字符串进行裁剪。它们的语法格式如下：

```
string trim(string $str [,string $charlist])
string rtrim(string $str [,string $charlist])
string ltrim(string $str [,string $charlist])
```

可选参数 $charlist 是一个字符串，指定要删除的字符。ltrim()、rtrim()、trim() 函数分别用于删除字符串 $str 中最左边、最右边和两边的与 $charlist 相同的字符，并返回剩余的字符串。

例如：

```
<?php
$str1 = '  hello';
echo trim($str1);
$str2 = 'aaaahelloa';
echo trim($str2,'a');
?>
```

4. 字符串与 ASCII 码

在字符串操作中，使用 ord() 函数可以返回字符的 ASCII 码，也可以使用 chr() 函数返回 ASCII 码对应的字符。

例如：

```
<?php
echo ord('a');
echo chr(100);
?>
```

4.2.4　字符串的替换

在 PHP 中，可以使用 str_ireplace() 和 str_replace() 函数对一个字符串中的特定字符或子串进行替换。

str_ireplace() 和 str_replace 使用新的字符串替换原来字符串中指定的特定字符串，str_replace 区分大小写，str_ireplace() 不区分大小写，两个函数的语法相似。

str_ireplace() 函数的语法如下：

```
mixed str_replace(mixed $search , mixed $replace , mixed $subject [, int &$count ])
```

例如：

```
<?php
$str = 'hello,world,hello,world';
$replace = 'hi';
$search = 'hello';
```

```
echo str_ireplace($search, $replace, $str);
?>
```

substr_replace() 函数的语法如下：

mixed substr_replace(mixed $string , mixed $replacement , mixed $start [, mixed $length])

substr_replace() 在字符串 string 的副本中将由 start 和可选的 length 参数限定的子字符串使用 replacement 进行替换。如果 start 为正数，替换将从 string 的 start 位置开始。如果 start 为负数，替换将从 string 的倒数第 start 个位置开始。

如果设定了 length 参数并且为正数，就表示 string 中被替换的子字符串的长度。如果设定为负数，就表示待替换的子字符串结尾处距离 string 末端的字符个数。如果没有提供此参数，那么默认为 strlen(string)（字符串的长度）。如果 length 为 0，那么这个函数的功能是将 replacement 插入 string 的 start 位置处。

例如：

```
<?php
$str = 'hello,world,hello,world';
$replace = 'hi';
echo substr_replace($str, $replace, 0,5);
?>
```

4.2.5 字符串的比较

1. 按字节比较

按字节比较字符串是最常用的方法，常用函数为 strcmp() 和 strcasecmp()。这两个函数的区别是 strcmp() 区分字符的大小写，strcasecmp() 不区分字符的大小写，两者用法基本相同。

strcmp() 语法如下：

int strcmp(string str1,string str2)

参数 str1 和参数 str2 为要比较的两个字符串，如果相等，则返回 0；如果参数 str1 大于 str2，则返回值大于 0；如果参数 str1 小于 str2，则返回值小于 0。

例如：

```
<?php
$str1 = '软件技术专业';
$str2 = '软件技术';
echo strcmp($str1,$str2);
$str3 = 'studio';
$str4 = 'STUDIO';
echo strcmp($str3,$str4);
```

```
echo strcasecmp($str3,$str4);
?>
```

2. 按自然排序法比较

在 PHP 中，按照自然排序法进行字符串比较是通过 strnatcmp() 函数来实现的。自然排序法比较的是字符串中的数字部分，将字符串中的数字按照大小进行排序。

语法如下：

`int strnatcmp(string str1,string str2)`

strnatcmp() 函数使用一种"自然"算法来比较两个字符串。在自然算法中，数字 2 小于数字 10。在计算机排序中，10 小于 2，这是因为 10 中的第一个数字小于 2。

例如：

```
<?php
$str1 = 'str3.jpg';
$str2 = 'str10.jpg';
echo '按字节比较：'. strcmp($str1,$str2).'<br>';
echo '按自然排序法比较：'. strnatcmp($str1,$str2).'<br>';
$str3 = 'mrsoft1';
$str4 = 'MRSOFT2';
echo '按字节比较：'. strcmp($str3,$str4).'<br>';
echo '按自然排序法比较：'. strnatcmp($str3,$str4).'<br>';
?>
```

3. 指定从源字符串的位置比较

strncmp() 函数用来比较字符串中的前 n 个字符，该函数区分大小写。

语法如下：

`int strncmp(string str1,string str2,int len)`

参数 str1 规定要比较的首个字符串，参数 str2 规定要比较的第二个字符串。len 是必选项，规定比较中所用的每个字符串的字符数。

如果相等，则返回 0；如果参数 str1 大于 str2，则返回值大于 0；如果参数 str1 小于 str2，则返回值小于 0。

例如：

```
<?php
$str1 = '123455789';
$str2 = '12345678';
echo strncmp($str1,$str2,6);
?>
```

4.2.6 字符串与 HTML

在有些情况下，脚本本身希望用户递交带有 HTML 编码的数据，而且需要存储这些数据，供以后使用。

1. 将字符转换为 HTML 实体形式

HTML 代码都是由 HTML 标记组成的，如果要在页面上输出这种实体，如"<table></table>"，就需要使用函数 htmlspecialchars() 将字符转换为 HTML 的实体形式。该函数转换的特殊字符及转换后的字符见表 4-1。

表 4-1 字符转换

原字符	字符名称	转换后的字符	原字符	字符名称	转换后的字符
&	AND 记号	&amp;	<	小于号	&lt;
"	双引号	&quot;	>	大于号	&gt;
'	单引号	&#039;			

htmlspecialchars() 函数的语法如下：

```
string htmlspecialchars(string $string [,int $quote_style[,string $charset[,bool $double_encode]]])
```

参数 $string 是要转换的字符串，$quote_style、$charset 和 $double_encode 都是可选参数。$quote_style 指定如何转换单引号和双引号字符，取值可以是 ENT_NOMPAT、ENT_NOQUOTES 和 ENT_QUOTES。$charset 是字符集，默认为 ISO-8859-1。参数 $double_encode 如果为 False，则不转换成 HTML 实体，默认是 ture。

例如：

```
<?php
$newlink = '<a href = 'test.php'>test</a>';
echo $newlink.'<br>';
echo htmlspecialchars($newlink).'<br>';
echo htmlspecialchars($newlink,true).'<br>';
?>
```

2. 将 HTML 实体形态转换成特殊字符

使用 htmlspecialchars_decode() 函数可以将 HTML 实体形态转换为特殊字符，这和 htmlspecialchars() 函数的作用刚好相反。

例如：

```
<?php
$html = htmlspecialchars_decode('&lt;a href="test"&gt;test&lt;/a&gt;');
echo $html;
?>
```

4.2.7 字符串与数组

1. 字符串转换为数组

使用 explode() 函数可以用指定的字符串分割另一个字符串，并返回一个数组。

语法格式如下：

array explode(string $separator,string $string[,int $limit])

此函数返回由字符串组成的数组，每一个元素都是 $string 的一个子串，它们被字符串 $separator 作为边界点分割出来。

例如：

```
<?php
$s1 = 'Mon-Tue-Wed-Thu-Fri';
$days_array = explode('-',$s1);
print_r($days_array);
echo '<br>';
$days_array1 = explode('-',$s1,2);
print_r($days_array1);
?>
```

2. 数组转换为字符串

使用 implode( ) 函数可以将数组中的字符串连接成一个字符串。

语法格式如下：

string implode(string $glue,array $pieces)

$pieces 是保存要连接的字符串的数组；$glue 是用于连接字符串的连接符。

例如：

```
<?php
$array = array('hello','how','are','you');
$str = implode(',',$array);
echo $str;
?>
```

【任务实施】

1. 任务介绍与实施思路

本任务使用数组及相关的函数实现考试成绩总分和平均分的计算功能。

2. 功能实现过程

①启动 XAMPP 集成开发工具，测试服务器是否正常启动。

②启动 PHP 编辑软件 HBuilderX，新建 PHP 文件。

③编辑程序，输入代码。

```
<?php
    $achievements = array(75,85,95,60,78);
    $total = array_sum($achievements);
```

```
$count = count($achievements);
$average = $total/$count;
echo '总分:'. $total. '    平均分:'. $average;
?>
```

输出结果如图 4-1 所示。

图 4-1 简单日历

【任务拓展】

约瑟夫环的实现

一群猴子排成一圈,按 1,2,…,n 依次编号。然后从第 1 只开始数,数到第 m 只,把它踢出去,从它后面再开始数,再数到第 m 只,在把它踢出去……,如此不停地进行下去,直到最后只剩下一只猴子为止,那只猴子就叫作大王。要求编程模拟此过程,m、n 在程序开头赋值,输出最后那个大王的编号。

任务 5 PHP 目录与文件操作

【引例描述】

如今,编写完全自给自足的应用程序已经很少见了,即不依赖于类似底层文件、操作系统或其他编程语言等外部资源交互的应用程序。原因很简单:随着编程语言、文件系统和操作系统的成熟,开发人员能够将每种技术的强大功能集成到应用程序中,因此创建更高效、可扩展和及时的应用程序的机会大大增加。设计与开发一个软件产品,诀窍是选择一种提供方便和有效方法的编程语言。幸运的是,PHP 很好地满足了这两个条件,为程序员提供了一系列出色的工具,不仅用于处理文件系统输入和输出,还可以用于在 shell 级别执行程序。同时,掌握文件处理技术对于 Web 开发者来说是十分重要的,PHP 中提供了非常简单、方便的文件、目录处理方法。

【任务陈述】

本任务学习目录与文件操作相关的函数,以实现当前网站根目录下的所有文件名的遍历展示。

【知识准备】

5.1 目录操作

PHP 提供的目录操作函数可以对目录进行打开、读取、关闭、删除等常用操作。

5.1.1 创建和删除目录

1. 创建目录

使用 mkdir() 函数可以根据提供的目录名或目录的全路径创建新的目录，如果创建成功，则返回 true，否则，返回 false。

例如：

```php
<?php
    if(mkdir('./test'))//在当前目录中创建test目录
        echo '创建成功';
?>
```

2. 删除目录

使用 rmdir() 函数可以删除一个空目录，但是该函数必须具有相应的权限。如果目录不为空，则必须先删除目录中的文件才能删除目录。

例如：

```php
<?php
mkdir('./test');//在当前目录中创建test目录
if(rmdir('test'))//删除test目录
    echo '删除成功';
?>
```

5.1.2 获取和更改当前工作目录

1. 获取当前工作目录

当前工作目录是指正在运行的文件所处的目录。使用 getcwd() 函数可以取得当前的工作目录，该函数没有参数。成功则返回当前的工作目录，失败则返回 false。

例如：

```php
<?php
    echo getcwd();
?>
```

2. 更改当前工作目录

使用 chdir() 函数可以设置当前的工作目录，该函数的参数是将要修改的新的当前目录。

例如：

```php
<?php
    echo getcwd().'<br>';
```

```php
//在PHPtest目录中建立another目录
    mkdir('../PHPtest/another');
    //设置another目录为当前工作目录
chdir('../PHPtest/another');
echo getcwd();
?>
```

5.1.3 打开和关闭目录句柄

文件和目录的访问都是通过句柄实现的。在 PHP 中使用 opendir() 函数可以打开一个目录句柄，该函数的参数是打开的目录路径。使用完一个句柄后，使用 closedir() 函数关闭这个句柄。

例如：

```php
<?php
$dir = './img';
$dir_handle = opendir($dir);//打开 img 目录句柄
if($dir_handle)//如为 true,则打开成功
    echo '打开目录句柄成功！';
else
    echo '打开失败！';
closedir($dir_handle);//关闭目录句柄
?>
```

5.1.4 读取目录内容

PHP 提供了 readdir() 函数用于读取目录内容。参数是一个已经打开的目录句柄，并在每次调用时返回目录中下一个文件的文件名。在列出所有的文件名后，函数返回 false。该函数结合 while 循环可以实现对目录的遍历。

例如，在目录 C:\xampp\htdocs\test\PHPTest 下创建了一个目录 img，其中保存了 banner.jpg、left.jpg、right.jpg 这 3 个文件。当前文件目录是 img，要遍历 img 目录，可以使用如下代码：

```php
<?php
$dir = './img';
$dir_handle = opendir($dir);//打开目录句柄
if($dir_handle)
{
//通过readdir()函数返回值是否为 false 来判断是否到最后一个文件
    while(false!==($file = readdir($dir_handle))){
        echo $file.'<br>';    //输出文件名
    }
    closedir($dir_handle);//关闭目录句柄
```

```php
}
else
{
    echo '打开目录失败！';
}
?>
```

5.1.5 获取指定路径的目录和文件

scandir( ) 函数可列出指定路径中的目录和文件，语法格式如下：

array scandir (string $directory [, int $sorting_order [, resource $context]])

$directory 为指定路径；参数 $sorting_order 默认是按字母升序排序，如果为1，表示按字母的降序排列；$context 是可选参数，可以用 stream_context_create( ) 函数生成。

例如：

```php
<?php
$dir = './img';
$dir1 = 'C:\xampp\htdocs\test';
$f1 = scandir ($dir);
$f2 = scandir ($dir1, 1);
if ($f1 == False) {
    echo '读取失败！';
}
else
{
    print_r ($f1);
}
print_r ($f2);
?>
```

5.2 文件操作

5.2.1 文件的打开与关闭

1. 打开文件

打开文件使用的是 fopen( ) 函数，语法格式如下：

resource fopen(string $filename, string $mode [,bool $use_include_path[, resource $context]])

(1) $filename 参数

fopen( ) 函数将 $filename 参数指定名称的资源绑定到一个流上。

如果 $filename 的值是一个由目录和文件名组成的字符串，则 PHP 认为指定的是一个本地文件，将尝试在该文件上打开一个流。如果文件存在，函数将返回一个句柄；如果文件不存在或没有该文件的访问权限，则返回 false。

（2） $mode 参数

$mode 参数指定了 fopen() 函数访问文件的模式，取值见表 5-1。

表 5-1 $mode 参数取值

$mode 参数	说明
r	以只读方式打开文件，从文件头开始读
r +	以读写方式打开文件，从文件头开始读写
w	以写入方式打开文件，将文件指针指向文件头。如果文件已存在，则删除已有存在；如果文件不存在，则尝试创建
w +	以读写方式打开文件，将文件指针指向文件头。如果文件已存在，则删除已有内容；如果文件不存在，则尝试创建
a	以写入方式打开文件，将文件指针指向文件末尾。如果文件已有内容，将从文件末尾开始写；如果文件不存在，则尝试创建
a +	以读写方式打开文件，将文件指针指向文件末尾。如果文件已有内容，将从文件末尾开始写；如果文件不存在，则尝试创建
x	创建并以写入方式打开文件，将文件指针指向文件头。如果文件存在，则 fopen() 调用失败并返回 false，并生成一条 E_WARNING 级别的错误信息；如果文件不存在，则尝试创建。这些选项被 PHP 及以后的版本所支持，仅能用于本地文件
x +	创建并以读写方式打开文件，将文件指针指向文件头。如果文件存在，则 fopen() 调用失败并返回 false，并生成一条 E_WARNING 级别的错误信息；如果文件不存在，则尝试创建。这些选项被 PHP 及以后的版本所支持，仅能用于本地文件
b	二进制模式，用于连接在其他后面。如果文件系统能够区分文件和文本文件，则需要使用到这个选项，推荐一直使用这个选项，以便获得最佳程度的可移植性

（3） $use_include_path 参数

如果需要在 include_path（PHP 的 include 路径，在 PHP 的配置文件中设置）中搜寻文件，则可以将可选参数 $use_include_path 的值设为 1 或 true，默认为 false。

（4） $context 参数

对于可选的 $context 参数，只有文件被远程打开时才使用，它是一个资源变量，其中保存着用于 fopen() 函数具体的操作对象有关的一些数据。如果 fopen() 打开的是一个 HTTP 地址，那么这个变量记录着 HTTP 请求类型、HTTP 版本及其他头信息；如果打开的是 FTP 地址，则记录的可能是 FTP 的被动/主动模式。

例如：

```
<?php
//当前目录是 C:\xampp\htdocs\test\PHPTest,
    //目录中包含文件 test.txt
```

```
$handle = fopen('test.txt','r+');
if($handle)
    echo '打开成功！';
else
    echo '打开文件失败！';
$URL_handle = fopen('http://zjzx.zje.net.cn','r');
?>
```

2. 关闭文件

文件处理完毕，需要使用 fclose() 函数关闭文件，语法格式如下：

```
bool fclose(resource $handle)
```

参数 $handle 是要关闭的文件指针。文件指针必须有效。如果关闭成功，则返回 true；否则，返回 false。

例如：

```
<?php
    //当前目录是C:\xampp\htdocs\test\PHPTest,
//目录中包含文件test.txt
$handle = fopen('test.txt','w');
if(fclose($handle))
    echo '关闭成功';
else
    echo '关闭失败！';
?>
```

5.2.2 文件的写入

文件在写入前需要先打开，如果文件不存在，则先要创建文件。在 PHP 中有专门用于创建文件的函数，一般可以使用 fopen() 函数来创建，文件模式可以是"w""w+""a""a+"。

下面的代码将在 C:\xampp\htdocs\test\PHPTest 目录下新建一个名为 welcome.txt 的文件。

例如：

```
<?php
    $handle = fopen('C:\xampp\htdocs\test\PHPTest\welcome.txt','w');
?>
```

文件打开后，可以使用 fwrite() 函数向文件中写入内容，语法格式如下：

```
int fwrite(resource $handle,$string $string[,int $length])
```

参数 $handle 是写入的文件句柄；$string 是将写入文件中的字符串数据；$length 是可选参数，如果指定了 $length，则当写入了 $string 中的前 $length 个字节的数据后停止写入。

例如：

```php
<?php
//打开 welcome.txt 文件,不存在则先创建
$handle = fopen('C:\xampp\htdocs\test\PHPTest\welcome.txt','w');
$num = fwrite($handle,'Hello! My name is Sean.',8);
if($num){
    echo '写入文件成功<br>';
    echo '写入的字节数为'. $num.'个';
    fclose($handle);
}else
    echo '文件写写入失败！';
?>
```

5.2.3 文件的读取

1. 读取任意长度

fread()函数可以用于读取文件的内容，语法格式如下：

string fread(int $handle,int $length)

参数 $handle 是已经打开的文件指针；$length 是指定读取的最大字节数，$length 的最大取值为 8 192。如果读完 $length 个字节数之前遇到文件结尾标志，则返回所读取的字符，并停止读取操作。如果读取成功，则返回读取的字符串；如果出错，则返回 false。

例如：

```php
<?php
    $handle = fopen('C:\xampp\htdocs\test\PHPTest\welcome.txt','r');
$content = '';
while(! feof($handle)){
    $data = fread($handle,8192);
    $content .= $data;
}
echo $content;
fclose($handle);
?>
```

2. 读取整个文件

(1) file() 函数

file() 函数用于将整个文件读取到一个数组中，语法格式如下：

array file (string $filename [, int $use_include_path [, resource $context]])

该函数的作用是将文件作为一个数组返回，数组中的每个单元都是文件中的一行，包括换行符在内，如果失败，则返回 false。参数 $filename 是读取的文件名；参数 $use_include_path 和 $context 的意义与之前介绍的相同。

例如：

```php
<?php
$line = file('C:\xampp\htdocs\test\PHPTest\welcome.txt');
foreach($line as $content){
    echo $content.'<br>';
}
?>
```

(2) readfile( ) 函数

readfile( ) 函数用于输出一个文件的内容到浏览器中，语法格式如下：

```
int readfile(string $filename[,bool $use_include_path[,resource $content]])
```

例如，读取当前目录 C:\xampp\htdocs\test\PHPTest 下 welcome.txt 文件中的内容到浏览器中。

```php
<?php
    $filename = './welcome.txt';
$num = readfile($filename);
echo '<hr>读取到的字节数为：'.$num;
?>
```

3. 读取一行数据

fgets( ) 函数可以从文件中读出一行文本，语法格式如下：

```
string fgets(int $handle[,int $length])
```

$handle 是已经打开的文件句柄，可选参数 $length 指定了返回的最大字节数，考虑到行结束符，最多可以返回 length-1 个字节的字符串。如果没有指定 $length，则默认为 1 024 B。

例如：

```php
<?php
$handle = fopen('welcome.txt','r');
if($handle){
    while(! feof($handle)){
        $buffer = fgets($handle);
        echo $buffer.'<br>';
```

```
    }
    fclose($handle);
}
?>
```

4. 读取一个字符

fgetc( ) 函数可以从文件指针处读取一个字符，语法格式如下：

string fgetc(resource $handle)

该函数返回 $handle 指针指向的文件中的一个字符，遇到 EOF，则返回 False。
例如：

```
<?php
    $handle = fopen('welcome.txt','r');
    while(! feof($handle)){
        $char = fgetc($handle);
        echo($char == '\n'? '<br>':$char);
    }
?>
```

5.2.4 文件的上传与下载

1. 文件上传

文件上传后，首先存放在服务器的临时文件目录中，这时 PHP 将获得一个 $_FILES 的全局数组，成功上传后的文件信息被保存在这个数组中。可通过 $_FILES 进行相关信息的打印等操作。全局数组 $_FILES 见表 5-2。

表 5-2 全局数组$_FILES

全局数组 $_FILES	说明
$_FILES['file']['name']	上传文件在客户端的原名称
$_FILES['file']['type']	文件类型
$_FILES['file']['size']	已上传文件的大小，单位为字节
$_FILES['file']['tmp_name']	文件被上传后在服务器端储存的临时文件名
$_FILES['file']['error']	上传时产生的错误信息代码

PHP 将随文件信息数组一起返回一个对应的错误代码。该代码可以在文件上传时生成的文件数组中的 error 字段中找到，也就是$_FILES['userfile']['error']，见表 5-3。

表 5-3 $_FILES['userfile']['error']

属性	说明
UPLOAD_ERR_OK	值为0，没有错误发生，文件上传成功
UPLOAD_ERR_INI_SIZE	值为1，上传的文件超过了 php.ini 中 upload_max_filesize 选项限制的值

续表

属性	说明
UPLOAD_ERR_FROM_SIZE	值为2，上传文件的大小超过了HTML表单中MAX_FILE_SIZE选项指定的值
UPLOAD_ERR_PARTILA	值为3，文件只有部分被上传
UPLOAD_ERR_NO_FILE	值为4，没有文件被上传
UPLOAD_ERR_NO_TMP_DIR	值为5，找不到临时文件夹
UPLOAD_ERR_CANT_WRITE	值为6，文件写入失败

文件上传结束后，默认存储在临时目录中，这时必须将其从临时目录中删除或移动到其他地方。不管是否上传成功，脚本执行完后，临时目录里的文件肯定会被删除。因此，在删除之前要使用 move_uploaded_file() 函数将它移动到其他位置，此时才完成上传文件过程。语法格式：

```
bool move_uploaded_file(string $filename,string $detination)
```

2. 文件下载

header() 函数的作用是向浏览器发送正确的 HTTP 报头，报头指定了网页内容的类型、页面的属性等信息。header() 函数的功能很多，这里只列出了以下几点。

（1）页面跳转功能

如果 header() 函数的参数为 Location:xxx，页面就会自动跳转到 xxx 指向的 URL 地址。例如：

```
<?php
    $url = 'http://zjzx.zje.net.cn/';
header('Location:'. $url);
?>
```

（2）指定网页内容功能

例如，同样的一个 XML 格式的文件，如果 header() 函数的参数指定为 Content-type:application/xml，浏览器会将其按照 XML 文本格式来解析。但如果是 Content-type:text/xml，浏览器就会将其当作文本来解析。

（3）文件下载功能

header() 函数结合 readfile() 函数可以下载将要浏览的文件。例如，下载站点 PHPtest 目录下的 welcome.txt 文件。页面在浏览器中预览后，打开"文件下载"对话框，用户可以单击"保存"按钮将文件下载到本地。

例如：

```
<?php
$textname=$_SERVER['DOCUMENT_ROOT'].'
./welcome.txt';
```

```php
header('Content-type:text.plain');
header('Content-Length:'.filesize($textname));
header('Content-Disposition:attachment;filename=$textname');
readfile($textname);
?>
```

5.2.5 其他常用的文件处理函数

1. 处理文件大小函数

在文件上传程序中使用的 filesize() 函数计算文件的大小，以字节为单位。

例如：

```php
<?php
$filename = './welcome.txt';
$num = filesize($filename);
echo($num/1024).'KB';
?>
```

2. 判断文件是否存在函数

如果希望在不打开文件的情况下检查文件是否存在，可以使用 file_exists() 函数。函数的参数为指定的文件或目录。

例如：

```php
<?php
$filename = './welcome.txt';
if(file_exists($filename)){
    echo '文件存在';
}
else
{
    echo '文件不存在';
}
?>
```

3. 删除文件函数

使用 unlink() 函数可以删除不需要的文件，如果成功，将返回 true；否则，返回 false。

例如：

```php
<?php
    $filename = './welcome.txt';
unlink($filename);
?>
```

4. 复制文件函数

在文件操作中经常会遇到复制文件或目录的情况，可以使用 copy() 函数来完成此操作，语法格式如下：

```
bool copy(string $source,string $dest)
```

例如：

```
<?php
    $sourcefile = './welcome.txt';
$targetfile = './welcome-bak.txt';
if(copy($sourcefile,$targetfile)){
    echo '文件复制成功';
}
?>
```

5. 移动、重命名文件

PHP 中除了 move_uploaded_file() 函数外，rename() 函数也可以移动文件，语法格式如下：

```
bool rename(string $oldname,string $newname[,resource $content])
```

rename() 函数主要用于对一个文件进行重命名，$oldname 是文件的旧名，$newname 为新的文件名。如果 $oldname 与 $newname 的路径不同，就实现了移动该文件的操作。

例如：

```
<?php
    $filename = './welcome.txt';
$newname = './welcome-new.txt';
if(rename($filename,$newname)){
    echo '文件重命名成功';
}
?>
```

6. 文件指针操作函数

PHP 中有很多操作文件指针的函数，如 feof()、rewind()、ftell()、fseek() 函数等。

①feof() 函数，用于测试文件指针是否处于文件尾部。

②rewind() 函数，用于重置文件的指针，使指针返回到文件头。它的参数只有一个，即已经打开的指定文件的文件句柄。

③ftell() 函数，可以以字节为单位报告文件中指针的位置，也就是文件流中的偏移量。

④fseek() 函数，可以用于移动文件指针。

例如：

```
<?php
    $file = './welcome-new.txt';
$handle = fopen($file,'r');
```

```php
echo '当前指针为:'.ftell($handle).'<br>';
fseek($handle,100);
echo '当前指针为:'.ftell($handle).'<br>';
rewind($handle);
echo '当前指针为:'.ftell($handle).'<br>';
?>
```

【任务实施】

1. 任务介绍与实施思路

本任务使用目录与文件操作相关的函数来实现当前网站根目录下的所有文件名的遍历。

2. 功能实现过程

①启动 XAMPP 集成开发工具,测试服务器是否正常启动。
②启动 PHP 编辑软件 HBuilderX,新建 PHP 文件。
③编辑程序,输入代码。

```php
<?php
$filename='./';//根目录
function showfiles($path){
    $handle=opendir($path);
    echo "<ul>";
    while(false!==($file=readdir($handle))){
        if($file=="."||$file==".."){
            continue;
        }
        if(is_dir($path.'/'.$file)){
            showfiles($path.'/'.$file);
        }else{
            echo "<li>$file</li>";
        }
    }
    echo "</ul>";
    closedir($handle);
}
showfiles($filename);
?>
```

输出结果如图 5-1 所示。

图 5-1　文件遍历

【任务拓展】

网盘简单操作

网盘，又称网络 U 盘、网络硬盘，可以为用户提供文件的存储、访问、备份、共享等功能。请通过 PHP 代码把文件上传到服务器，并通过遍历目录来浏览上传的文件，以实现简单的网盘功能。

单元三

MySQL 数据库

学习目标

1. 了解 MySQL 数据库的发展历史及特点。
2. 掌握启动、连接、断开和停止 MySQL 服务器的方法。
3. 掌握 MySQL 的基本操作。
4. 掌握 MySQL 数据库图形管理工具的使用。
5. 掌握 PHP 操作 MySQL 数据库的技术。
6. 掌握 PHP 管理 MySQL 中数据的方法。

任务6 MySQL 数据库的基本操作

【引例描述】

MySQL 关系数据库诞生于大约 25 年前,由一家瑞典软件公司的员工在其内部项目中建立。他们的项目被称为 MySQL,于 1996 年年底首次向公众发布。MySQL 非常受欢迎,以至于他们在 2001 年成立了一家完全基于 MySQL 特定服务和产品的新公司。在接下来的 10 年中,MySQL 在教育机构、政府实体、小型企业和世界 500 强公司中的使用率逐步升高。2008 年,开发 MySQL 的公司被 Sun Microsystems 以近 10 亿美元的价格收购,而后者在 2009 年又被 Oracle Corporation 收购。从 MySQL 的第一个公开版本开始,开发人员就特别重视速度和可扩展性,这两个特点对致力于构建高性能网站的开发人员非常有吸引力。然而,这些优势也需要牺牲,因为 MySQL 是一种高度优化的产品,缺乏许多被视为企业数据库产品标准的特性,例如,存储过程、触发器和事务。后续的版本中陆续添加了这些功能,从而吸引了更多的用户。

【任务陈述】

本任务运用所学习的数据库相关知识,创建一个学生数据库 db_student,并在数据库中创建一张用户表 tb_user,该表包含字段 ID(主键、自增长)、学号、姓名、班级、联系方式。

单元三　MySQL 数据库

【知识准备】

6.1　数据库概述

6.1.1　MySQL 数据库简介

MySQL 是最流行的关系型数据库管理系统之一，在 Web 应用方面，MySQL 是最好的 RDBMS（Relational Database Management System，关系数据库管理系统）应用软件之一。MySQL 对 PHP 有很好的支持，而 PHP 是目前最流行的 Web 开发语言。

6.1.2　MySQL 数据库的特点

MySQL 具有以下特点：

①MySQL 是一个关系数据库管理系统，把数据存储在表格中，使用标准的结构化查询语言 SQL 访问数据库。

②MySQL 是完全免费的，在网上可以任意下载。同时，可以查看到它的源文件，并且可以进行修改。

③MySQL 服务器的功能齐全，运行速度快，十分可靠。

④MySQL 服务器在客户、服务器或嵌入系统中使用，能够支持多线程及多个不同的客户程序和管理工具。

⑤MySQL 可以运行于多个系统上，并且支持多种语言。这些编程语言包括 C、C++、Python、Java、Perl、PHP、Eiffel、Ruby 等。

6.2　MySQL 服务器的启动和关闭

6.2.1　启动 MySQL 服务器

启动 MySQL 服务器的方法如下：

1. 通过系统服务器启动 MySQL

选择"开始"→"控制面板"→"管理工具"→"服务"菜单命令，打开"服务"窗口，在"名称"列中找到 MySQL 服务并右击，在弹出的快捷菜单中选择"启动"命令，如图 6-1 所示。

2. 在命令符下启动 MySQL

选择"开始"→"所有程序"→"附件"→"命令提示符"菜单命令，即可进入 DOS 窗口。在命令提示符下输入指令"net start mysql"，按 Enter 键后就会看到启动信息。

3. 在 XAMPP 中启动 MySQL

XAMPP 即 Apache + MySQL + PHP + Perl，是一个功能强大的建站集成软件包。在 XAMPP 中启动 MySQL，如图 6-2 所示。

6.2.2　连接 MySQL 服务器

选择"开始"→"所有程序"→"附件"→"命令提示符"菜单命令，即可进入 DOS 窗口。在命令提示符下输入命令"mysql - uroot - hlocalhost - ppassword"。其中，-u 后输入的是用户名 root，-h 后输入的是 MySQL 数据库服务器地址，-p 后输入的是密码。

6.2.3　关闭 MySQL 服务器

可以通过系统服务器和命令提示符（DOS）两种方法进行关闭。

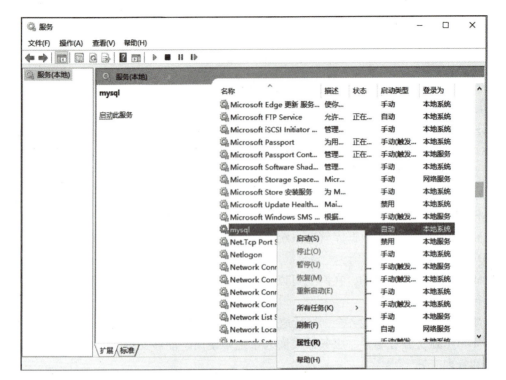

图6-1　通过系统服务器启动 MySQL

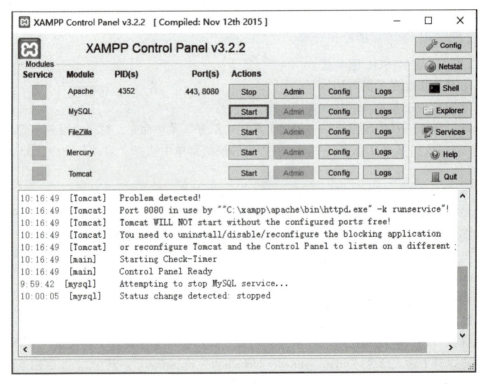

图6-2　在 XAMPP 中启动 MySQL

单元三　MySQL 数据库

1. 通过服务器关闭

选择"开始"→"控制面板"→"管理工具"→"服务"菜单命令，打开"服务"窗口，在"名称"列中找到 MySQL 服务并右击，在弹出的快捷菜单中选择"停止"命令。

2. 在命令符下关闭 MySQL

选择"开始"→"所有程序"→"附件"→"命令提示符"菜单命令，即可进入 DOS 窗口。在命令提示符下输入指令"net stop mysql"，按 Enter 键后就会看到服务停止信息。

6.3　MySQL 数据库的基本操作

在 MySQL 命令行中可以对数据库及表进行创建、修改等操作，还可以对数据进行增加、删除、修改、查询等操作。

6.3.1　MySQL 数据库操作

启动并连接 MySQL 服务器后，即可对 MySQL 数据库进行操作。MySQL 数据库的操作主要包括创建、查看、选择、删除、备份和恢复等。

1. 创建数据库

使用 create database 语句可以创建 MySQL 数据库。在创建数据库时，数据库命名有以下几项规则：

- 不能与其他数据库重名，否则将发生错误。
- 名称可以由任意英文字母、阿拉伯数字、下划线或者"$"组成，可以使用上述的任意字符开头，但不能单独使用数字，否则会造成它与数值混淆。
- 名称最长可由 64 个字符组成，而别名最长可达 256 个字符。
- 不能使用 MySQL 关键字作为数据库、表名。
- 在 Windows 操作系统中，数据库名、表名大小写是不区分的，而在 Linux 系统中是区分大小写的。

2. 查看数据库

show 命令用于查看 MySQL 服务器中所有数据库信息。

3. 选择数据库

数据库创建成功后，并不表示当前数据库就是新创建的数据库，需要使用 use 语句选择数据库，使其成为当前默认数据库。

4. 删除数据库

drop database 语句用于执行删除数据库的操作。对于删除据库的操作，应谨慎使用，一旦执行这项操作，数据库的所有结构和数据都会被删除。为了防止误操作，管理数据库时，要定期备份数据库。

5. 备份和恢复数据库

数据库备份很重要，定期做好备份，可以在系统发生崩溃时恢复数据到最后一次正常的状态，把损失减到最小。MySQL 中使用 mysqldump 可以进行数据库备份。mysqldump 是 MySQL 用于存储数据库的实用程序，主要产生一个 SQL 脚本，其中包含从头重新创建数据库所必需的命令 create table、insert 等。

例如，要备份数据库 test，通过 mysqldump 方式备份整个数据库到文件，操作步骤如下：选择"开始"→"所有程序"→"附件"→"命令提示符"菜单命令，进入 DOS 窗口，在命令提示符下输入指令"mysqldump -uroot -proot test >D:\test_20210405.sql",按 Enter 键即可。其中,-uroot 中的 root 是 MySQL 服务器的用户名,而 -proot 中的 root 是密码,test 是数据库名,D:\test_20210405.sql 是数据库备份存储的位置。

还原数据库脚本文件可使用 source 命令完成,命令如下:

mysql > source D:\test_20210405.sql

6.3.2 MySQL 数据表操作

在对 MySQL 数据表操作之前,首先必须应用 use 语句选择数据库,才能在指定的数据库中对数据表进行操作,例如创建数据表、查看表结构、修改表结构、重命名数据表、删除数据表等。

1. 创建数据表

使用 create table 语句可以创建 MySQL 数据表,语法:

create [temporary] table [if not exists] 数据表名

create table 语句的关键字及其说明见表 6-1。

表 6-1 create table 语句的关键字及其说明

关键字	说明
temporary	如果使用该关键字,表示创建一个临时表
if not exists	该关键字用于避免表存在时 MySQL 进行报告的错误
create_definition	这是表的列属性部分。在创建表的时候,MySQL 要求表至少包含一列
table_options	表的一些特性参数
select_statement	select 语句描述部分,用它可以快速创建表

2. 查看表结构

对于已经创建成功的数据表,可以使用 show columns 语句或 describe 语句查看指定数据表的表结构。

(1) show columns 语句

show [full] columns from 数据表名 [from 数据库名];

或者

show [full] columns from 数据表名.数据库名;

(2) describe 语句

describe 数据表名;

其中,describe 可以简写成 desc。在查看数据表结构时,也可以只列出某一列信息,其语法格式如下:

describe 数据表名 列名;

3. 修改表结构

修改表结构可以使用 alter table 语句。修改表结构指增加或删除字段、修改字段名称或者字段类型、设置取消主键或外键、设置取消索引及修改表的注释等。语法格式如下：

```
alter [ignore] table alter_spec[,alter_spec,…]
```

当指定 ignore 时，如果出现重复关键的行，则只执行一行，其他重复的行删除。alter_spec 字句定义要修改的内容，语法格式如下：

```
//添加新字段
add [column] create_definition [first|after column_name]
add index [index_name](index_col_name,…)//添加索引名称
add primary key(index_col_name,…)//添加主键名称
add unique [index_name](index_col_name,…)//添加唯一索引
//修改字段名称
alter [column] col_name{set default literal | drop default}
//修改字段类型
change [column] old_col_name create_definition
modify [column] create_definition//修改字句定义字段
drop [column] col_name//删除字段名称
drop primary key//删除主键名称
drop index index_name//删除索引名称
rename [as] new_tbl_name//更改表名
```

4. 重命名表

重命名表采用 rename table 语句，语法格式如下：

```
rename table 数据表名1 to 数据表名2;
```

5. 删除表

删除数据表的操作很简单，同删除数据库的操作类似，使用 drop table 语句就可以实现，语法格式如下：

```
drop table 数据表名;
```

对于删除数据表的操作，应该谨慎使用，一旦删除数据表，那么表中的数据会全部清除。

6.3.3 MySQL 数据操作

向数据表中插入、查询、修改和删除记录，可在 MySQL 命令行中使用 SQL 语句。

1. 插入记录

建立一个空的数据库和数据表的时候，首先要想到的就是如何向数据表中添加数据。MySQL 中可以通过 insert 语句来完成。语法格式如下：

```
insert into 数据表名(column_name,column_name2,…)
values(value1,value2,…)
```

在 MySQL 中，一次可以插入多行记录，各行记录的值在 values 关键字后用 "," 分隔。

2. 查询记录

要从数据表中查询数据，就要用到数据查询语句 select。select 语句是最常用的查询语句，它的使用方式有些复杂，但功能强大。

```
select selection_list//要查询的内容,选择哪些列
from 数据表名//指定数据表
where primary_constraint//查询时需要满足的条件
group by grouping_columns//如何对结果进行分组
order by sorting_columns//如何对结果进行排序
having secondary_constraint//查询时满足的第二条件
limit count//限定输出的查询结果
```

①使用 select 语句查询一个数据表。

使用 select 语句时，首先要确定所要查询的列。"*"代表所有的列。

②查询表的一列或多列。

针对表中的多列进行查询，只要在 select 后面指定要查询的列名即可，多列之间用","分隔。

3. 修改记录

要执行修改的操作，可以使用 update 语句，该语句的格式如下：

```
update 数据表名 set column_name1=new_value1,column_name2=new_value2,…where condition
```

其中，set 字句指出要修改的列和它们给定的值；where 字句是可选的，如果给出，则指定的记录行将被更新，否则，所有的记录行都被更新。

4. 删除记录

当数据库中的有些数据已经失去意义或者出现错误时，需要将它们删除，此时可以使用 delete 语句，语句格式如下：

```
delete from 数据表名 where condition
```

该语句在执行过程中如果没有指定 where 条件，将删除所有的记录；如果指定了 where 条件，将按照指定的条件进行删除。

【任务实施】

1. 任务介绍与实施思路

本任务运用所学习的数据库相关知识，创建一个学生数据库 db_student，并在数据库中创建一张用户表 tb_user，该表包含字段 ID（主键、自增长）、学号、姓名、班级、联系方式，具体参照表 6-2。

表 6-2　用户表 tb_user 内容

字段名	字段类型	长度	备注
id	int	自增长	主键
u_id	char	10	学号，不为空

续表

字段名	字段类型	长度	备注
u_name	varchar	10	姓名,不为空
u_class	varchar	20	班级,不为空
u_tel	varchar	10	联系方式,不为空

2. 功能实现过程

①创建数据库 db_student 和数据表 tb_user。
②向数据表 tb_user 中添加一条数据。
③按学号查询相关同学的信息。
④更新数据,将联系方式改为 88888888888。

创建数据库 db_student:

create database db_student;

选择数据库 db_student:

use db_student;

创建数据表 tb_user:

create table tb_user(
　　　id int not null auto_increment primary key,
　　　u_id char(10) not null,
　　　u_name varchar(10) not null,
　　　u_class varchar(10) not null,
　　　u_tel varchar(20) not null
);

向 tb_user 中添加一条数据:

insert into tb_user(u_id,u_name,u_class,u_tel)
values('31320001','张三','软件2021班','66666666666');

根据学号查询用户信息:

select * from tb_user where u_id = '31320001'

将查询到的用户信息的联系方式修改为 88888888888:

update tb_user set u_tel = '88888888888' where u_id = '31320001'

【任务拓展】

使用 phpMyAdmin 管理 MySQL 数据库

phpMyAdmin 是一个用 PHP 编写的基于 Web 的 MySQL 管理应用程序,被无数开发人员使用。自 1998 年以来，热情的开发团队和用户社区一直积极进行迭代开发，它的功能也不断丰富。

phpMyAdmin 提供了许多引人注目的功能：

- phpMyAdmin 是基于浏览器的，允许用户从任何可以访问 Web 的地方轻松管理远程 MySQL 数据库。用于管理数据库表的界面截图如图 6-3 所示。

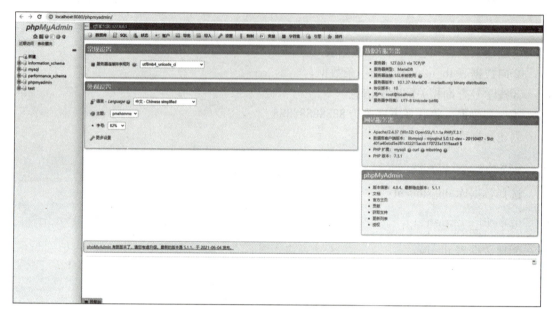

图 6-3 phpMyAdmin 界面

- 管理员可以完全控制用户权限、密码和资源使用，以及创建、删除甚至复制用户账户。
- 实时界面可用于查看正常运行时间信息、查询和统计服务器流量、查看服务器变量和正在运行的进程。
- phpMyAdmin 提供高度优化的单击式界面（图 6-3），大大降低了用户引发错误的可能性。

请参照图 6-2，在 XAMPP 中启动 MySQL 服务，并单击"Admin"按钮，打开 phpMyAdmin 界面。尝试使用界面图形化的方式操作数据库、数据表。

任务 7　PHP 操作数据库

【引例描述】

MySQL 是一种关系数据库引擎/工具，它允许开发人员使用结构化查询语言（SQL）与数据库进行交互。SQL 可用于执行两种类型的任务：①在数据库中创建、更改或删除对象，对象是表、视图、过程、索引等；②用于通过选择、插入、更新或删除表中的行来与数据交互。尽管 SQL 被许多不同的数据库系统使用，但它们并不都遵循相同的语法或支持相同的

单元三　MySQL 数据库

功能，不过它们中的大多数都遵循 SQL92 标准，具有许多自定义功能。例如 MySQL 中名为 AUTO_INCREMENT 的归档选项，当将此选项应用于表中的整数列时，除非插入语句为该列提供值，否则，每次向表中添加行时，数据库都会自动为该列分配一个值。PHP 几乎从开始就支持 MySQL，目前在 PHP 中使用 MySQL 已经非常普遍。

【任务陈述】

本任务通过所学的 PHP 操作数据库知识，按照连接数据库、检测数据库是否连接成功、选择数据库、设置字符集编码格式、编写 SQL 语句、执行 SQL 语句、解析结果集及关闭数据库资源与结果集这几个步骤，完成学生数据库中用户信息的展示。

【知识准备】

7.1　PHP 操作 MySQL 数据库的函数

PHP 中提供了很多 MySQL 数据库的函数，使用这些函数可以对 MySQL 数据执行各种操作，使程序开发变得更加简单、灵活。

7.1.1　连接 MySQL 服务器

要操作 MySQL 数据库，必须先与 MySQL 服务器建立连接。PHP 通过 mysqli_connect( ) 函数连接 MySQL 服务器，函数语法格式如下：

```
mysqli_connect($servername,$username,$password)
```

参数 $servername 是 MySQL 服务器的主机名（或 IP 地址），如果省略端口号，则默认为 3306；参数 $username 是登录 MySQL 服务器的用户名；参数 $password 是 MySQL 服务器的用户密码。

如果连接成功，则函数返回一个连接标志；失败，则返回 false。

例如：

```
<?php
    $conn=mysqli_connect('localhost','root','')or
die('连接数据库服务器失败!'.mysqli_connect_error());
?>
```

7.1.2　选择 MySQL 数据库

与 MySQL 服务器连接成功后，使用 mysqli_select_db( ) 函数可以选择 MySQL 服务器中的数据库，语法格式如下：

```
mysqli_select_db(mysqli $link,$dbname);
```

参数 $link 是 MySQL 服务器的连接标识；参数 $dbname 是选择的 MySQL 数据库名称。

例如，选择 MySQL 服务器中的 microweb 数据库。

```
<?php
    $conn=mysqli_connect('localhost','root','')or die('连接数据库服务器失败！'.mysqli_connect_error());
```

```
    $select=mysqli_select_db($conn,'microweb');
    if($select){
        echo '数据库连接成功!';
    }
?>
```

7.1.3 执行 SQL 语句

在 PHP 中，通常使用 mysqsli_query() 函数来执行对数据库操作的 SQL 语句。mysqli_query() 函数的语法如下：

```
mysqli_query(mysqli $link,query)
```

参数 $link 是 MySQL 服务器的连接标识；参数 $query 是传入的 SQL 语句，包括插入数据语句、修改记录语句、删除记录语句、查询记录语句。

例如：

```
<?php
    $conn=mysqli_connect('localhost','root','')or die('连接数据库服务器失败！'.mysqli_connect_error());
    $select=mysqli_select_db($conn,'microweb');
    if($select){
        echo '数据库连接成功!';
    }
    $insert_sql="insert into mw_user(mw_user_name, mw_user_pwd) values('Sean','123456')";
    $result1=mysqli_query($conn,$insert_sql);
    $result2=mysqli_query($conn,'select * from mw_user');
?>
```

7.1.4 将结果集返回到数组中

使用 mysqli_query() 函数执行 select 语句时，可返回查询结果集。返回结果集后，使用 mysqli_fetch_array() 函数可以获取结果集信息，并放入一个数组中，函数语法如下：

```
array mysqli_fetch_array(resource result[,int result_type])
```

参数 result：资源类型的参数，要传入的是由 mysqli_query() 函数返回的数据指针。

参数 result_type：可选参数，设置结果集数组的表述方式。默认值是 MYSQL_BOTH，可选值如下：

MYSQL_ASSOC：表示数组采用关联索引。
MYSQL_NUM：表示数组采用数字索引。
MYSQL_BOTH：同时包含关联和数字索引的数组。

例如，获取用户信息表 mw_user 中的信息，使用 mysqli_fetch_array() 函数返回结果集，然后使用 while 循环语句输出用户名、密码。

1. 样式表文件 style.css

```
<style>
    table{
        font-family:"Trebuchet MS",Arial;
        width:60%;
        border-collapse:collapse;
        margin:0 auto;}
    td{
        font-size:1 em;
        border:1px solid #000000;
        padding:3px 7px 2px 7px;}
    a{
        color:#000000;
        text-decoration:none;}
</style>
```

2. 获取结果集代码

```
<?php
    echo "<link href='css/style.css' rel='stylesheet'>";
    $conn=mysqli_connect("localhost","root","")or die('连接数据库服务器失败！'.mysqli_connect_error());
    mysqli_select_db($conn, "microweb");
    $result=mysqli_query($conn,"select * from mw_user");
    echo "<table border=1>";
    echo "<tr align=center><td>用户名</td><td>密码</td></tr>";
    while($arr=mysqli_fetch_array($result)){
        echo "<tr><td>$arr[mw_user_name]</td>
        <td>$arr[mw_user_pwd]</td></tr>";
    }
    echo "</table>";
?>
```

7.1.5 关闭结果集和关闭连接

1. 关闭结果集

数据库操作完成后，需要关闭结果集，以释放系统资源。mysqli_free_result()函数用于释放内存，该函数的语法如下：

mysqli_free_result($result)

mysqli_free_result()函数将会释放所有与结果标识符 result 相关联的内存。在脚本结束后，所有关联的内存都会被自动释放。

2. 关闭连接

每使用一次 mysqli_connect() 或 mysqli_query() 函数，都会消耗系统资源，这在少量用户访问 Web 网站时问题不大，但如果用户连接超过一定数量，就会造成系统性能的下降，甚至死机。为了避免这种现象的发生，在完成数据库的操作后，应使用 mysqli_close() 函数关闭与 MySQL 服务器的连接，以节省系统资源。mysqli_close() 函数的语法格式如下：

```
mysqli_close($conn)
```

在 Web 网站的实际项目开发过程中，经常需要在 Web 页面中查询数据信息，查询后使用 mysqli_close() 函数关闭数据源即可。

7.2 管理 MySQL 数据库中的数据

7.2.1 数据添加

向数据库中添加数据主要通过 mysqli_query() 函数和 insert 语句来实现。

例如，向用户信息表中添加信息，首先需要设计注册表单，输入用户名、密码等信息，当用户单击"注册"按钮时，判断输入内容是否为空，如果不为空，则将数据添加到用户信息表 mw_user 中。

例如：

1. 结构层——index.html

```html
<!DOCTYPE html>
<html>
    <head>
        <meta charset="utf-8">
    </head>
    <body>
        <table>
            <form method="post">
                <tr><th colspan="2">用户信息添加</th></tr>
                <tr><td>姓名</td><td><input type="text" name="username"></td></tr>
                <tr><td>密码</td><td><input type="password" name="password"></td></tr>
                <tr><td colspan="2"><input type="submit" name="submit" value="注册"></td></tr>
            </form>
        </table>
    </body>
</html>
```

2. 功能层——test.php

```
<?php
```

```php
    $conn=mysqli_connect("localhost","root","")or die('连接数据库服
务器失败！'.mysqli_connect_error());
    mysqli_select_db($conn, "microweb");
    $result=mysqli_query($conn,"select * from mw_user");
    $username=$_POST['username'];
    $password=$_POST['password'];
     if(isset($_POST['submit']) && isset($username) && isset($password))
    {
        $insert_sql="insert into mw_user(mw_user_name,mw_user_pwd) values('%s','%''%s')";
        $formatted=sprintf($insert_sql,$username,$password);
        $result=mysqli_query($conn,$formatted);
        echo $result?'注册成功！':'注册失败！';
    }
    else{
        echo "数据填写不完整";
    }
?>
```

注意：数据表 mw_user 中包含 mw_user_id、mw_user_name、mw_user_pwd 三个字段，其中 mw_user_id 需要设置为主键、自增。为了更清楚地展示数据操作的变化，mw_user_pwd 字段没有加密，操作时采用明文形式。

7.2.2 数据浏览

浏览数据库中的数据时，可通过 mysqli_query() 函数和 select 语句查询数据，并使用 mysqli_fetch_assoc() 函数将查询结果返回到数组中。

例如，浏览 mw_user 表中的用户信息，具体代码如下：

```php
<?php
    $conn=mysqli_connect("localhost","root","")or die('连接数据库服
务器失败！'.mysqli_connect_error());
    mysqli_select_db($conn, "microweb")or die("无此数据库".mysqli_error($conn));
    $result=mysqli_query($conn,"select * from mw_user")or die("执行SQL语句失败");
    echo "<table>";
    echo "<tr><td>用户名</td><td>密码</td></tr>";
    $count=0;
    while($arr=mysqli_fetch_assoc($result)){
        $count++;
```

```
        $alt=($count%2)?"alt":"";
        echo"<tr class={$alt}><td>{$arr['mw_user_name']}
</td><td>{$arr['mw_user_pwd']}</td></tr>";
    }
    echo"</table>";
    mysqli_free_result($result);
    mysqli_close($conn);
?>
```

7.2.3 数据编辑

编辑数据库数据主要通过 mysqli_query() 函数和 update 语句实现。

例如,编辑 mw_user 表中的用户信息。本例中按照项目化的方式将数据库连接模块与数据库操作模块分开,分别创建 conn.php、index.php、update.php、updateok.php 四个文件。

①创建数据库连接文件 conn.php,代码如下:

```
<?php
    $conn=mysqli_connect("localhost","root","")or die('连接数据库服务器失败！'.mysqli_connect_error());
    mysqli_select_db($conn,"microweb")or die("无此数据库".mysqli_error($conn));
?>
```

②创建 index.php 文件,显示所有用户的信息,代码如下:

```
<?php
    require "./conn.php";
    $query="select * from mw_user";
    $result=mysqli_query($conn,$query)or die("执行SQL语句失败");
    echo"<table>";
    echo"<tr><td>用户名</td><td>密码<td/><td>编辑</td></tr>";
    $count=0;
    while($arr=mysqli_fetch_assoc($result)){
        $count++;
        $alt=($count%2)?"alt":"";
        echo "<tr class={$alt}><td>{$arr['mw_user_name']}
</td><td>{$arr['mw_user_pwd']}</td>";
        echo "<td><a href='update.php?id={$arr['mw_user_id']}'>编辑</a></td>";
        echo "</tr>";
```

```
        }
        echo "</table>";
    mysqli_free_result($result);
    mysqli_close($conn);
?>
```

③创建 update.php 文件，修改用户的信息，代码如下：

```
<?php
    include 'conn.php';
    $query = "select * from mw_user where mw_user_id = {$_GET['id']}";
    $result = mysqli_query($conn,$query) or die("执行SQL语句失败");
    $arr = mysqli_fetch_assoc($result);
?>
<form method = "post" action = "updateok.php">
    <table>
        <tr><td colspan = "2">用户信息</td></tr>
        <tr><td>姓名</td>
            <td>
                <input type = "text" name = "username" value = "<?php echo $arr['mw_user_name']?>">
            </td></tr>
        <tr><td>密码</td>
            <td>
                <input type = "text" name = "password" value = "<?php echo $arr['mw_user_pwd']?>">
            </td></tr>
        <tr><td>
                <input type = "hidden" name = "id" value = "<?php echo $arr['mw_user_id']?>"></td>
            <td>
                <input type = "submit" name = "submit" value = "修改"></td></tr>
    </table>
</form>
<?php
    mysqli_free_result($result);
    mysqli_close($conn);
?>
```

④创建 updateok.php 文件，更新用户的信息，代码如下：

```php
<?php
    include 'conn.php';
    $username=$_POST['username'];
    $password=$_POST['password'];
    $id=$_POST['id'];
    $query="update mw_user set mw_user_name='{$username}',mw_user_pwd='{$password}' where mw_user_id={$id}";
    $result=mysqli_query($conn,$query)or die("执行SQL语句失败");
    echo $result?'更新成功!':'更新失败!';
?>
```

运行 index.php 测试程序。

7.2.4 数据删除

数据的删除应用 delete 语句，在 PHP 中通过 mysqli_query() 函数来执行这个 delete 删除语句，完成 MySQL 数据库中数据的删除操作。

①修改 index.php 文件，显示所有的用户信息，并在每一条数据后增加"删除"超链接，代码如下：

```php
<?php
    require "./conn.php";
    $query="select * from mw_user";
    $result=mysqli_query($conn,$query)or die("执行SQL语句失败");
    echo"<table>";
    echo"<tr><td>用户名</td><td>密码<td/><td>编辑</td></tr>";
    $count=0;
    while($arr=mysqli_fetch_assoc($result)){
        $count++;
        $alt=($count%2)?"alt":"";
        echo "<tr class={$alt}><td>{$arr['mw_user_name']}</td><td>{$arr['mw_user_pwd']}</td>";
        echo "<td><a href='update.php?id={$arr['mw_user_id']}'>编辑</a></td>";
        echo "<td><a href='delete.php?id={$arr['mw_user_id']}'>删除</a></td>";
        echo "</tr>";
    }
    echo "</table>";
    mysqli_free_result($result);
```

```
        mysqli_close($conn);
?>
```

②创建 delete.php 文件,根据超链接传递的 id 值完成用户信息的删除操作,代码如下:

```
<?php
    include 'conn.php';
    $id = $_GET['id'];
    $query = "delete from mw_user where mw_user_id={$id}";
    $result = mysqli_query($conn,$query) or die("执行 SQL 语句失败");
    echo $result?'删除成功!':'删除失败!';
?>
```

【任务实施】

1. 任务介绍与实施思路

本任务通过所学的 PHP 操作数据库知识,按照连接数据库、检测数据库是否连接成功、选择数据库、设置字符集编码格式、编写 SQL 语句、执行 SQL 语句、解析结果集及关闭数据库资源与结果集这几个步骤,完成学生数据库中用户信息的展示。

2. 功能实现过程

①启动 XAMPP 集成开发工具,测试服务器是否正常启动。

②启动 PHP 编辑软件 HBuilderX,新建 PHP 文件。

③编辑程序,输入代码。

```
<?php
    $conn = mysqli_connect("localhost", "root", "root", "db_student");
    if(mysqli_connect_errno($conn)){
        die("数据库连接失败! 失败信息:".mysqli_connect_error($conn));
    }
    mysqli_select_db($conn, "db_student") or die("数据库选择失败!");
    mysqli_set_charset($conn,"utf8") or die("数据库编码集设置失败!");
    $sql = "select * from tb_user";
    $res = mysqli_query($conn,$sql);
    echo "<table border='1' style='border-collapse:collapse;text-align:center;width:200px;'>";
    echo "<thead bgcolor='lightblue' style='color:#ffffff;'><td>ID</td><td>学号</td><td>姓名</td><td>班级</td><td>联系方式</td></thead>";
    while($row = mysqli_fetch_assoc($res)){   //返回关联数组
        echo "<tr>";
        foreach($row as $value){
```

```
            echo "<td>{$value}</td>";
        };
        echo "</tr>";
    }
    echo "</table>";

    mysqli_free_result($res);//释放查询资源结果集
    mysqli_close($conn);//关闭数据库连接
?>
```

输出结果如图 7-1 所示。

图 7-1　用户信息展示

【任务拓展】

在线购物网站的设计与实现

在数据库 microweb 中已经创建了 mw_user 表，见表 7-1。请根据表 7-2~表 7-5 中的字段要求，新建商品表（mw_goods）、购物车表（mw_scart）、订单表（mw_order）、用户订单表（mw_userorder）。

表 7-1　mw_user 表

字段	类型	说明
mw_user_id	int(11)	主键、自增长
mw_user_name	varchar(50)	用户名
mw_user_pwd	varchar(50)	用户密码

表 7-2　mw_goods 表

字段	类型	说明
mw_goods_id	int(11)	主键、自增长
mw_goods_name	varchar(50)	商品名称
mw_goods_price	decimal(10,0)	商品价格

表 7-3　mw_scart 表

字段	类型	说明
mw_scart_id	int(11)	主键、自增长
mw_user_id	int(11)	用户 id，关联 mw_user 表
mw_goods_id	int(11)	商品 id，关联 mw_goods 表
mw_goods_num	int(11)	商品数量
mw_goods_status	tinyint(4)	记录状态。1：正常，0：禁用，-1：删除

表 7-4　mw_order 表

字段	类型	说明
mw_order_id	int(11)	主键、自增长
mw_user_id	int(11)	用户 id，关联 mw_user 表
mw_goods_id	int(11)	商品 id，关联 mw_goods 表
mw_goods_num	int(11)	商品数量
mw_order_pay_price	double(20,2)	实际支付价格
mw_order_is_pay	tinyint(4)	是否已经支付。0：未支付，1：完成支付

表 7-5　mw_userorder 表

字段	类型	说明
mw_userorder_id	int(11)	主键、自增长
mw_user_id	int(11)	用户 id，关联 mw_user 表
mw_order_id	int(11)	订单 id，关联 mw_order 表

请结合实际生活中的网上购物流程，使用上述数据表来设计程序。程序实现网上购物过程中所需信息的增加、修改、查找与删除功能。可根据实际情况增加或修改上述数据表中的字段。

单元四

面向对象编程

学习目标

1. 了解面向对象的概念。
2. 掌握类、对象的关系。
3. 掌握面向对象的三大特性：继承、重载与封装。
4. 熟悉面向对象的基本应用。

任务8 PHP 面向对象编程

【引例描述】

尽管 PHP 一开始并不是一种面向对象的语言，但多年来，人们付出了大量的努力来添加其他许多语言所具有的面向对象的特性。面向对象编程强调将应用程序对象化，注重其交互功能。一个对象可以被认为是一些真实世界实体的虚拟表示，例如，可以将学生作为一个对象实体，将学号、姓名、年龄、学校、专业、班级等信息作为学生的属性，将实体的属性和行为捆绑在一起形成一个单独的独立结构，即对象。当采用面向对象的方法来开发应用程序时，将以这样一种方式创建这些对象，即当它们一起使用时，它们形成了应用程序要表示的"世界"。面向对象编程方法具有代码可重用性、可测试性和可扩展性的诸多优点。

【任务陈述】

本任务通过所学的 PHP 面向对象的知识，创建一个人的成员对象，将其抽象化，包括姓名、性别、年龄三个成员属性和说话、离开两个方法。利用面向对象的思想实现对成员的属性操作和方法操作。

【知识准备】

8.1 面向对象

8.1.1 面向对象的概念

面向对象的程序设计（Object – Oriented Programming，OOP）是一种计算机编程架构。

面向对象实现了软件工程的 3 个目标：可重用性、灵活性和可扩展性。

把每个独立的功能模块抽象成类，形成对象，由多个对象组成这个系统，这些对象之间都能够进行接收信息、处理数据和向其他对象发送信息等操作，从而构成了面向对象的程序。

面向对象编程的三大基本要素是继承、封装、多态。

8.1.2 类与对象

类是面向对象编程中的基本单位，它是具有相同属性和功能方法的集合，因此，在类里拥有两个基本的元素：成员属性和成员方法。

通俗地说，一个类就是一个 class 中的所有内容。成员属性就是类中变量和常量。注意，是在 class 下面的常量和变量，而不是在 function 程序体中的常量和变量。function 是成员方法，在面向过程编程里称为 function 函数，在面向对象编程中称为方法。下面这段程序说明了其含义和作用：

```php
<?php
class animal{
    public $name = '动物';
    function getInfo(){
        return $this -> name;
    }
}
?>
```

这段程序中，animal 是一个类，$name 是这个类的一个属性，getInfo() 是一个方法。

对象是类的实例，对象拥有该类的所有属性和方法，因此对象建立在类基础上，类是产生对象的基本单位。下面这段程序代码说明了其含义和作用：

```php
<?php
    class animal{
        public $name = '动物';
        function getInfo(){
            return $this -> name;
        }
    }
    $animal = new animal();
?>
```

这段程序中，$animal 就是一个对象，当然，它和类名 animal 可以是不一样的。

类和对象的关系：类的实例化结果就是对象，而对一类对象的抽象就是类。类与对象的关系就如模具和铸件的关系。

在定义类名时，需要注意：

①类名不可与内置关键字或函数重名。

②类名只能以英文大小写字母或 _（下划线）开头。

③类名如果是多个单词的组合，则建议从第 2 个单词开始首字母大写。这称为驼峰写法，是最常见的规范格式。

接下来对 animal 类代码做进一步完善和分析，代码如下：

```php
<?php
class animal{                    //创建 animal 类
    public $name = '';           //成员属性 name
    public $color = '';          //成员属性 color
    public $age = '';            //成员属性 age
    function getInfo(){          //成员方法,返回成员属性 name 的值
        return $this -> name;
    }
    function setInfo($name){     //成员方法,为成员属性 name 赋值
        $this -> name = $name;
    }
}
$pig = new animal();             //通过 new 关键字实例化一个对象,名称为 pig
$pig -> setInfo('猪');            //通过 setInfo()方法为对象属性赋值
$name = $pig -> getInfo();       //调用 getInfo()方法,返回对象属性的值
echo $name;                      //输出属性值
?>
```

在上述代码中，利用关键字对 animal 类进行实例化操作，同时，将类的功能赋给 $pig 对象。这时 $pig 拥有了 animal 类的所有属性和功能。在后面的代码操作中，只需要使用 $pig 就可以调用 animal 类的所有内容了。从这个过程可以看出，其实对象是对类的功能具体化和实际操作意义的转换的过程。在这个过程中，虽然实例化后,$pig 代表原 animal 的内容，但对象会在计算机中单独开辟一块内存来存储类的所有功能。实际操作过程中对 $pig 所有的操作，如赋值、运算、调用等，都不会影响到原来的类。

8.1.3 对象的应用和 $this 关键字

在 PHP 中，提供了一个对本对象的引用 $this。每个对象里面都有一个对象的引用 $this 来代表这个对象，完成对象内部成员的调用。

在对象内部调用本对象的成员与在对象外部调用对象的成员所使用的方法是一样的。语法格式如下：

```
$this -> 属性        $this -> 方法
$this -> name;       $this -> getInfo();
$this -> color;
$this -> age;
```

修改 animal 类代码,让每个动物都有自己的称呼、颜色、年龄,具体代码如下:

```php
<?php
class animal{              //创建 animal 类
    public $name = '';     //成员属性 name
    public $color = '';    //成员属性 color
    public $age = '';      //成员属性 age
    function getInfo(){//成员方法,返回成员属性 name 的值
        return $this -> name;
    }
    function setInfo($name){//成员方法,为成员属性 name 赋值
        $this -> name =$name;
    }
}
$pig = new animal();    //实例化 animal 类,对象名为$pig
$crow = new animal();   //实例化 animal 类,对象名为$crow
$shark = new animal();  //实例化 animal 类,对象名为$shark
$pig -> setInfo('猪');   //通过 setInfo()方法为对象属性赋值
$name =$pig -> getInfo();//调用 getInfo()方法返回对象属性的值
echo $name;             //输出属性值
$crow -> setInfo('乌鸦');//通过 setInfo()方法为对象属性赋值
$name =$crow -> getInfo();//调用 getInfo()方法返回对象属性的值
echo $name;             //输出属性值
$shark -> setInfo('鲨鱼');//通过 setInfo()方法为对象属性赋值
$name =$shark -> getInfo();//调用 getInfo()方法返回对象属性的值
echo $name;             //输出属性值
?>
```

注意,$this 不能在类定义的外部使用,只能在类定义的方法中使用。

8.1.4 构造方法与析构方法

1. 构造方法

构造函数是一种特殊的方法,主要用来在创建对象时初始化对象,即为对象成员变量赋初始值,在创建对象的语句中与 new 运算符一起使用。

PHP5 允许开发者在一个类中定义一个方法作为构造函数,语法格式如下:

```
void __construct([ mixed $args [,$...]])
```

在网站链接中,可以通过构造方法来初始化 $url 和 $title 变量:

```php
function __construct($par1,$par2){
    $this->url=$par1;
    $this->title=$par2;
}
```

现在就不需要再调用 setTitle 和 setUrl 方法了。

例如:

```php
$baidu=new Site('www.baidu.com','百度');
$taobao=new Site('www.taobao.com','淘宝');
$google=new Site('www.google.com','Google 搜索');
//调用成员函数,获取标题和 URL
$baidu->getTitle();
$taobao->getTitle();
$google->getTitle();
$baidu->getUrl();
$taobao->getUrl();
$google->getUrl();
```

2. 析构方法

析构函数(destructor)与构造函数相反,当对象结束其生命周期时(例如对象所在的函数已调用完毕),系统自动执行析构函数。

PHP5 引入了析构函数的概念,其语法格式如下:

```
void __destruct(void)
```

例如:

```php
<?php
class MyDestructableClass{
    function __construct(){
        print "构造函数 \n";
        $this->name = "MyDestructableClass";
    }

    function __destruct(){
        print "销毁". $this->name. " \n";
    }
}
$obj = new MyDestructableClass();
?>
```

8.2 类的继承和重载

8.2.1 类的继承

在 PHP 中，类型的继承使用 extends 关键字，而且最多只能继承一个父类，PHP 不支持多继承。

被继承的方法和属性可以通过使用同样的名字重新声明被覆盖。但是如果父类定义方法时使用了 final，则该方法不可被覆盖。可以通过"parent::"来访问被覆盖的方法或属性。

当覆盖方法时，参数必须保持一致，否则 PHP 将发出 E_STRICT 级别的错误信息。但构造函数例外，构造函数可在被覆盖时使用不同的参数。语法格式如下：

```
class Child extends Parent{
    //代码部分
}
```

例如：

```
class MyClass
{
    protected function myFunc(){
        echo "MyClass::myFunc() \n";
    }
}

class OtherClass extends MyClass
{
    //覆盖了父类的定义
    public function myFunc()
    {
        //但还是可以调用父类中被覆盖的方法
        parent::myFunc();
        echo "OtherClass::myFunc() \n";
    }
}
$class = new OtherClass();
$class->myFunc();
?>
```

输出结果为：

```
MyClass::myFunc()
OtherClass::myFunc()
```

当在类定义之外引用这些项目时,要使用类名。

8.2.2 类的重载

PHP 中的方法不能重载。所谓的方法重载,就是定义相同的方法名,通过"参数的个数"不同或"参数的类型"不同,来访问相同方法名的不同方法。这里所指的重载新的方法是子类覆盖父类已有的方法。

虽然在 PHP 中不能定义同名的方法,但是在父子关系的两个类中,可以在子类中定义和父类同名的方法,这样就把父类中继承过来的方法覆盖了。

例如:

```php
<?php
    class animal{
        public $name;
        public $color;
        public $age;
        public function __construct($name,$color,$age){
            $this->name=$name;
            $this->color=$color;
            $this->age=$age;
        }
        public function getInfo(){
            echo "动物的名称:".$this->name;
            echo "动物的颜色:".$this->color;
            echo "动物的年龄:".$this->age;
        }
    }
/*** 定义一个 bird 类,使用 extends 关键字来继承 animal 类,作为 animal 类的子类***/
    class bird extends animal{
        public $wing;//bird 类自有的属性$wing
        public function getInfo(){
            parent::getInfo();
            echo "鸟类有".$this->wing.'翅膀,';
            $this->fly();
        }
        public function fly(){    //鸟类自有的方法
            echo "我会飞翔!!!";
        }
        Public function __construct($name,$color,$age,$wing){
```

```
                parent::__construct($name,$color,$age);
                $this -> wing =$wing;
            }
    }
    $crow = new bird("乌鸦","黑色",4,"漂亮的");
    $crow -> getInfo();
?>
```

程序代码中，bird 子类通过调用"parent::"方法，实现了对父类中继承过来的 getInfo() 方法和构造方法的覆盖，从而实现了对"方法"扩展。

8.3 类的封装

8.3.1 设置封装

封装性是面向对象编程中的三大特性之一，其是把对象的属性和服务结合成一个独立的相同单位，并尽可能隐蔽对象的内部细节，包含两个含义：

①把对象的全部属性和全部服务结合在一起，形成一个不可分割的独立单位（即对象）。

②信息隐蔽，即尽可能隐蔽对象的内部细节，对外形成一个边界（或者说形成一道屏障），只保留有限的对外接口，使之与外部发生联系。

封装的原则在软件上的反映是：要求使对象以外的部分不能随意存取对象的内部数据（属性），从而有效避免了外部错误对它的"交叉感染"，使软件错误能够局部化，大大降低查错和排错的难度。

例如，假如某个人的对象中有年龄和工资等属性，像这样个人隐私的属性是不想让其他人随意获取到的，如果不使用封装，那么别人想知道就能知道，但是如果封装，别人就没有办法获得封装的属性了，除非你自己把它说出去。

原来的人物属性：

```
var $name;      //声明人的姓名
var $sex;       //声明人的性别
var $age;       //声明人的年龄
function run(){…}
```

改成封装的形式：

```
private $name;      //将人的姓名使用 private 关键字进行封装
private $sex;       //将人的性别使用 private 关键字进行封装
private $age;       //将人的年龄使用 private 关键字进行封装
```

通过 private 就可以把成员封装了。封装了的成员不能被类的外部代码直接访问，只有对象内部可以访问。

例如：

```
<?php
    Class animal{
```

```
            private $name;
            private $color;
            private $age;
            public function_construct($name,$color,$age){
                $this -> name = $name;
                $this -> color = $color;
                $this -> age = $age;
            }
            Public function getInfo(){
                echo"动物的名称:". $this -> name;
                echo"动物的颜色:". $this -> color;
                echo"动物的年龄:". $this -> age;
            }
        }
        $dog = new animal("小狗","白色",5);
        echo $dog -> name;
    ?>
```

结果报错:

```
Fatal error:Cannot access private property animal::$name
```

1. public

public 是公有修饰符。被定义为 public 的成员，将没有访问限制，所有的外部成员都可以访问这个类成员。在 PHP5 之前的所有版本中，PHP 中类的成员都是 public。在 PHP5 中，如果类的成员没有指定成员访问修饰符，将被视为 public。

例如：

```
public $name = 'A';
public function getInfo(){…};
```

2. private

private 是私有修饰符。被定义为 private 的成员，对同一个类的所有成员都是可见的，即使其没有访问限制；但对该类的外部代码是不允许进行访问的，对该类的子类也不能访问。

例如：

```
private $name = 'A';
private function getInfo(){…};
```

3. protected

protected 是保护成员修饰符。被修饰为 protected 的成员，不能被该类的外部代码访问，但是对该类的子类有访问权限，可以进行属性、方法的读写操作。

```
protected $name = 'A';
protected function getInfo(){…};
```

8.3.2 __set()、__get()、__isset()、__unset()

__get()方法：这个方法用来获取私有成员属性值。其有一个参数，该参数传入要获取的成员属性的名称，返回获取的属性值。不用手工去调用这个方法，可以把它做成私有的方法，是在直接获取私有属性的时候对象自动调用的。因为私有属性已经被封装上了，是不能直接获取值的（比如"echo $p1 -> name"，这样直接获取是错误的），但是如果在类里面加上了这个方法，在使用"echo $p1 -> name"这样的语句直接获取值时，就会自动调用__get($property_name)方法，将属性 name 传给参数 $property_name，通过这个方法的内部执行，返回传入的私有属性的值。如果成员属性不封装成私有的，对象本身就不会去自动调用这个方法。

```
//__get()方法用来获取私有属性
private function __get($property_name){
if(isset($this ->$property_name)){
    return($this ->$property_name);
    }else{
        return(NULL);
    }
}
```

__set()方法：这个方法用来为私有成员属性设置值，其有两个参数：第一个参数是要为其设置值的属性名，第二个参数是要给属性设置的值，没有返回值。

这个方法同样不用手动去调用，它也可以做成私有的，是在直接设置私有属性值的时候自动调用的。同样，私有属性已经被封装上了。没有__set()方法是不被允许的。比如$this -> name ='zhangsan'，这样会出错。但是如果在类里面加上了__set($property_name, $value)方法，在直接给私有属性赋值时，就会自动调用它，把属性比如 name 传给 $property_name，把要赋的值"zhangsan"传给 $value。通过这个方法的执行，达到赋值的目的。

```
//__set()方法用来设置私有属性
private function __set($property_name,$value){
    $this ->$property_name =$value;
}
```

如果成员属性不封装成私有的，对象本身就不会去自动调用这个方法。为了不传入非法的值，还可以用这个方法进行判断。

__isset()方法：isset()用于检测变量是否已设置并且非 NULL。传入一个变量作为参数，如果传入的变量存在，则传回 true；否则，传回 false。

如果在一个对象外面使用 isset()函数去测定对象里面的成员是否被设定，那么可不可以用它呢？分两种情况。如果对象里面的成员是公有的，就可以使用这个函数来测定成员属性；如果是私有的成员属性，这个函数就不起作用了，原因就是私有的被封装了，在外部不可见。

那么可不可以在对象的外部使用 isset( ) 函数来测定私有成员属性是否被设定了呢？可以，只要在类里面加上 __isset( ) 方法就可以了。当在类外部使用 isset( ) 函数来测定对象里面的私有成员是否被设定时，就会自动调用类里面的"__isset( )"方法来帮助完成这样的操作。__isset( ) 方法也可以做成私有的，在类里面加上下面这样的代码就可以了：

```php
private function __isset($nm){
    echo "当类外部使用 isset()函数测定私有成员$nm 时自动调用";
    return isset($this ->$nm);
}
```

__unset( ) 方法：unset( ) 函数的作用是删除指定的变量且传回 true，参数为要删除的变量。那么如果在一个对象外部删除对象内部的成员属性，可不可以用 unset( ) 函数呢？也是分两种情况：如果一个对象里面的成员属性是公有的，那么就可以使用这个函数在对象外面删除对象的公有属性；如果对象的成员属性是私有的，使用这个函数就没有权限去删除。但同样，如果在一个对象里面加上 __unset( ) 方法，就可以在对象的外部删除对象的私有成员属性了。在对象里面加上了 __unset( ) 方法之后，在对象外部使用 unset( ) 函数删除对象内部的私有成员属性时，自动调用 __unset( ) 函数来帮忙。

删除对象内部的私有成员属性，也可以在类的内部定义成私有的。在对象里面加上下面的代码就可以了：

```php
private function __unset($nm)
{
    echo "当类外部使用 unset()函数来删除私有成员时自动调用";
    unset($this ->$nm);
}
```

例如：

```php
<?php
class Person{
    private $name;
    private $sex;
    private $age;
    //__set()方法用来设置私有属性
    function __set($property_name, $value){
        //在直接设置私有属性值的时候,自动调用了 __set()方法为私有属性赋值
        $this ->$property_name =$value;
    }

    //__get()方法用来获取私有属性
    function __get($property_name){
```

```
//在直接获取私有属性值的时候,自动调用了 __get()方法
    return isset($this ->$property_name)? $this ->$property_name:null;
    }
}
$p1 = new Person();
//直接为私有属性赋值的操作,会自动调用 __set()方法进行赋值
$p1 -> name = "张三";
//直接获取私有属性的值,会自动调用 __get()方法,返回成员属性的值
echo "我的名字叫:". $p1 -> name;
?>
```

输出结果为：

我的名字叫:张三

当在类外部使用unset()函数来删除私有成员时，__set()、__get()、__isset()、__unset()方法都是添加到对象里面的，在需要时自动调用，来完成在类外部对对象内部私有属性的操作。

8.4 常用关键字

8.4.1 static 关键字

const 是一个定义常量的关键字，主要是为了防止所修饰对象被修改。前面声明了"Person"类，如果在"Person"类里加上一个"所属国家"属性，这样用"Person"类就实例化出几百个或者更多个实例对象，每个对象里面就都有"所属国家"属性。如果项目就是为中国人而开发的，那么每个对象里面就都有一个"所属国家"属性，即"中国"，其他的属性是不同的。如果把"所属国家"属性做成静态的成员，这样国家的属性在内存中就只有一个，而让这几百个或更多的对象共用这一个属性。

static 成员能够限制外部的访问，因为 static 的成员是属于类的，而不属于任何对象实例，是在类第一次被加载的时候分配的空间，其他类是无法访问的，只对类的实例共享，从而在一定程度上对该成员形成保护。

static 方法是类中的一个成员方法，属于整个类，即使不创建任何对象，也可以直接调用。

```
class Ren
{
    public $name = "张三";
    public static $zhongzu;//静态成员
    
    //普通方法
    function Say()
    {
```

```
        echo self::$zhongzu."你好";
    }

    //静态方法
    static function Run()
    {
        //echo  $this->name；  静态方法不能调用非静态属性
        echo self::$zhongzu;
    }
}
    Ren::$zhongzu = "晓明同学"；//静态属性赋值
    Ren::Run();                //调用静态方法

    $r = new Ren();
    $r->Say();
```

输出结果为：

晓明同学晓明同学你好

8.4.2　final 关键字

final 关键字只能用来定义类和方法，不能用其来定义成员属性。因为 final 是常量的意思，在 PHP 里定义常量使用的是 define( ) 函数，所以不能使用 final 来定义成员属性。

使用 final 关键字标记的类不能被继承。例如：

```
final class Person{
    ...
}
class Student extends Person{
}
```

会出现下面错误：

Fatal error:Class Student may not inherit from final class(Person)

使用 final 关键字标记的方法不能被子类覆盖。例如：

```
class Person{
    final function say(){
    }
}
class Student extends Person{
```

```
        function say(){
        }
}
```

8.4.3 self 关键字

self 指向类本身，也就是说，self 关键字不指向任何已经实例化的对象。self 一般用来指向类中的静态变量。

例如：

```
<?php
Class animal{
    private static $firstCry=0;
    private $lastCry;
    Function __construct(){
        $this->lastCry = ++self::$firstCry;
    }
    function printLastCry(){
        var_dump($this->lastCry);
    }
}
    $bird=new animal();
    $bird->printLastCry();
?>
```

输出结果为：

int(1)

8.4.4 const 关键字

const 是一个定义常量的关键字，主要是为了防止所修饰对象被修改。需要注意的是，const 只能声明类中的成员属性，不能声明成员方法。

const 修饰的常量与其他常量的不同之处，是常量名前不使用"$"，并且这个常量值是不能修改的。

const 定义的常量需使用大写字母。例如：

```
<?php
    final class mobile{
        const NAME="手机";
        static function call(){
            return self::NAME."具有电话功能";
        }
    }
    $mb=new mobile;
```

```
    echo $mb ->call();
?>
```

输出结果为:

手机具有电话功能

8.5 抽象类

任何一个类,如果它里面至少有一个方法被声明为抽象的,那么这个类就必须被声明为抽象的。

定义为抽象的类不能被实例化。

继承一个抽象类的时候,子类必须定义父类中的所有抽象方法;另外,这些方法的访问控制必须和父类中一样(或者更为宽松)。例如,某个抽象方法被声明为受保护的,那么子类中实现的方法就应该声明为受保护的或者公有的,而不能定义为私有的。

例如:

```
<?php
    abstract class AbstractClass
{
//强制要求子类定义这些方法
abstract protected function getValue();
abstract protected function prefixValue($prefix);

//普通方法(非抽象方法)
public function printOut(){
        print $this ->getValue().PHP_EOL;
    }
}

class ConcreteClass1 extends AbstractClass
{
    protected function getValue(){
    return "ConcreteClass1";
}

    public function prefixValue($prefix){
        return "{$prefix}ConcreteClass1";
    }
}
```

```php
class ConcreteClass2 extends AbstractClass
{
    public function getValue(){
    return "ConcreteClass2";
    }

    public function prefixValue($prefix){
    return "{$prefix}ConcreteClass2";
    }
}

$class1 = new ConcreteClass1;
$class1 ->printOut();
echo $class1 ->prefixValue('FOO_').PHP_EOL;

$class2 = new ConcreteClass2;
$class2 ->printOut();
echo $class2 ->prefixValue('FOO_').PHP_EOL;
?>
```

输出结果为：

ConcreteClass1 FOO_ConcreteClass1 ConcreteClass2 FOO_ConcreteClass2

8.6 接口

使用接口（interface），可以指定某个类必须实现哪些方法，但不需要定义这些方法的具体内容。

接口是通过 interface 关键字来定义的，就像定义一个标准的类一样，但其中定义所有的方法都是空的。

接口中定义的所有方法都必须是公有的，这是接口的特性。要实现一个接口，使用 implements 操作符。类中必须实现接口中定义的所有方法，否则会报一个致命错误。类可以实现多个接口，用逗号来分隔多个接口的名称。

例如：

```php
<?php
    //声明一个'iTemplate'接口
    interface iTemplate
    {
        public function setVariable($name,$var);
```

```php
        public function getHtml($template);
    }

//实现接口
class Template implements iTemplate
{
    private $vars = array();

    public function setVariable($name,$var)
    {
        $this->vars[$name] = $var;
    }

    public function getHtml($template)
    {
        foreach($this->vars as $name => $value){
        $template = str_replace('{'. $name. '}', $value, $template);
        }
        return $template;
    }
}
```

8.7 多态

在面向对象中，多态指的是多个函数使用同一个名字，但是参数个数及其数据类型不同，调用时虽然方法名相同，但会根据参数个数或数据类型自动调用对应的函数。

例如：

```php
<?php
    class Animal{
        function __construct($name){
            $this->name = $name;
        }
        function show(){
            echo "$this->name is an animal<br/>";
        }
    }
    class Dog extends Animal{
        function show(){
            echo "$this->name is a dog<br/>";
```

```php
        }
    }
    class Cat extends Animal{
        function show(){
            echo "$this ->name is a cat <br/>";
        }
    }
    function display($obj){
        if($obj instanceof Animal){
            $obj ->show();
        }
        else{
            echo "none";
        }
    }
    display(new Animal("xx"));
    display(new Dog("xx"));
    display(new Cat("xx"));
?>
```

输出结果为:

xx is an animal
xx is a dog
xx is a cat

【任务实施】

1. 任务介绍与实施思路

本任务通过 PHP 面向对象的知识，创建一个人的成员对象，将其抽象化，包括姓名、性别、年龄三个成员属性和说话、离开两个方法。利用面向对象的思想实现对成员的属性操作和方法操作。

2. 功能实现过程

①运用 XAMPP 集成开发工具测试服务器是否正常启动。

②运用 PHP 编辑软件 HBuilderX 新建 PHP 文件。

③编辑程序，输入代码。

```php
<?php
header("Content-type:text/html;charset=utf-8");
class person{
    //下面是人的成员属性
```

```php
    var $name;
    //人的名字
    var $sex;
    //人的性别
    var $age;
    //人的年龄
    //定义一个构造方法参数,包含姓名$name,性别$sex和年龄$age
    function __construct($name,$sex,$age){
        //通过构造方法传进来的$name 给成员属性$this->name 赋初始值
        $this->name=$name;
        //通过构造方法传进来的$sex 给成员属性$this->sex 赋初始值
        $this->sex=$sex;
        //通过构造方法传进来的$age 给成员属性$this->age 赋初始值
        $this->age=$age;
    }
    //下面是人的成员方法
    function say()
    //人有"说话"这个方法
    {
        echo "我的名字叫:".$this->name."<br>性别:".$this->sex."<br>我的年龄是:".$this->age."<br><br>";
    }
    function run()//对象离开的方法
    {
        echo $this->name."离开了<br>";
    }
    //这是一个析构函数,在对象销毁前调用
    function __destruct()
    {
        echo "再见,".$this->name."<br>";
    }
}
/*通过构造方法创建3个对象$p1,$p2,$p3,分别传入三个不同的实参,分别为姓名、性别和年龄*/
$p1=new person("小明","男",20);
$p2=new person("小红","女",30);
$p3=new person("小强","男",25);

//下面访问3个对象的说话方式$p1->say();$p2->say();$p3->say();
```

```
    $p1 -> say();      //输出:我的名字叫:小明 性别:男 我的年龄是:20
    $p2 -> say();      //输出:我的名字叫:小红 性别:女 我的年龄是:30
    $p3 -> say();      //输出:我的名字叫:小强 性别:男 我的年龄是:25

    //输出:再见,小强
    //输出:再见,小红
    //输出:再见,小明

    //下面访问3个对象的离开方式
    $p1 -> run();
    $p2 -> run();
    $p3 -> run();
    echo "<br>";
?>
```

输出结果如图8-1所示。

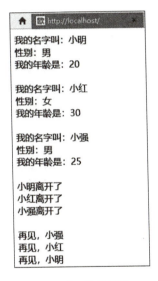

图8-1 输出结果

【任务拓展】

"学生"类的实现

请定义一个"人"类,属性包括姓名、性别、年龄;方法包括吃饭、睡觉、工作。根据"人"类,派生一个"学生"类,增加属性:学校、学号、成绩;学生的工作是学习。

定义一个测试类TestStudent,在该类中定义main入口方法,在main方法中初始化5个学生对象并存入数组,循环输出数组中的元素"学生"类的属性值。

单元五

Laravel 框架

学习目标

1. 了解 Laravel 框架的特点。
2. 了解 Laravel 框架的基本组成。
3. 掌握 Laravel 框架的搭建方法。
4. 掌握 Laravel 框架的使用方法。

任务9　Laravel 框架环境搭建

【引例描述】

在开发动态网站的早期,编写网站应用程序的方式与今天大不相同。以前,开发人员不仅要负责为应用程序的独特业务逻辑编写代码,还要负责为跨站点通用的每个组件编写代码——用户身份验证、输入验证、数据库访问、模板化等。现在,程序员可以轻松访问、使用应用程序开发框架和数以千计的组件及库。开发人员之所以愿意使用单个组件或包,是因为包是其他人负责开发和维护具有明确定义工作的隔离代码段,包的开发人员对这个单一组件的理解更深入。Laravel、Symfony、Lumen 和 Slim 等框架预先打包了一组第三方组件和自定义框架,如配置文件、规定的目录结构和应用程序引导程序等。在成熟的框架中,不仅已经完成了单个组件的开发,还设置了组件之间的连接关系,大大地方便了网站应用程序的开发。

【任务陈述】

Laravel 是一套优雅、简洁的 PHP 开发框架,其功能强大,工具齐全。本任务主要介绍在 Win10 系统下搭建 Laravel 5.5 框架环境。

【知识准备】

Laravel 的背景

Laravel（https://laravel.com）是一个全栈 Web 应用程序框架，它通过使大多数 Web 中执行的常见任务轻松执行来减轻开发应用程序的痛苦，这些任务包括身份验证、路由、会话处理和缓存。它可以构建一个完美的网络 App，并且每行代码都很简洁并富有表达力。同时，该框架易于学习且文档齐全。

【任务实施】

开发环境的搭建

Laravel 开发环境搭建之前，需要安装 XAMPP 集成环境。Laravel 框架对 PHP 版本和扩展有一定要求，本书使用的版本是 Laravel 5.5，要求 PHP 对应的版本在 7.0.0 以上，查看 PHP 版本的代码如下：

```
<?php
    phpinfo();
?>
```

输出结果如图 9-1 所示。

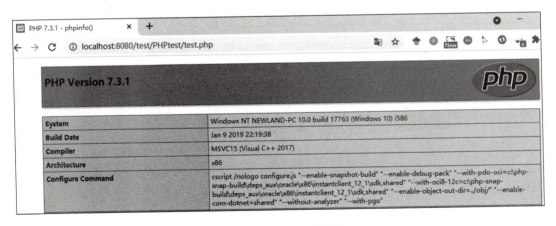

图 9-1　PHP 版本查看

1. 安装 Composer

下载地址为 https://getcomposer.org/download/。安装过程中，会提示寻找 php.exe，找到 XAMPP 环境下的 php.exe 即可，例如 C:\xampp\php\php.exe，如图 9-2 所示。

2. 查看 Composer 是否安装成功

指 Win + R 组合键打开终端命令输入框，输入 "composer - v"，成功安装，如图 9-3 所示。

提示：输入 "composer" 后按 Enter 键，可能出现如下信息：PHP Warning：PHP Startup：

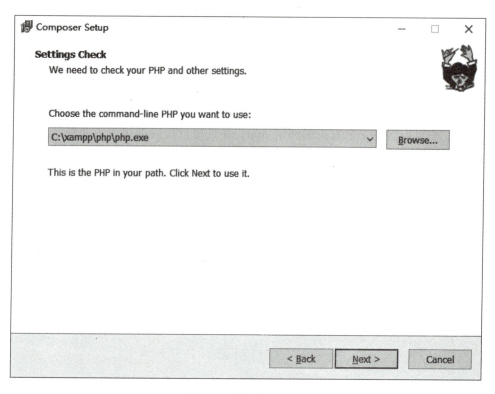

图 9-2　安装 Composer

图 9-3　成功安装 Composer

Unable to load dynamic library…（无法加载动态库…）。

解决方法：打开 php.ini，修改第 750 行左右，将 extension_dir ="\xampp\php\ext" 修改成

extension_dir ="C:\xampp \ php \ ext"，如图 9-4 所示。具体的目录根据 XAMPP 安装目录自行修改。

图 9-4　修改完成

3. 启动镜像 Composer

启用镜像服务有"系统全局配置"和"单个项目配置"两种方式。
- 系统全局配置：将配置信息添加到 Composer 的全局配置文件 config.json 中。
- 单个项目配置：将配置信息添加到某个项目的 composer.json 文件中。

推荐采用第一种方法，修改 Composer 的全局配置文件。使用快捷键 Win + R 和命令"cmd"打开命令行窗口，并执行如下命令：

```
composer config -g repo.packagist composer https://packagist.phpcomposer.com
```

4. 使用镜像 Composer 安装 Laravel

打开命令行窗口，切换到 C:\xampp\htdocs 目录下，输入如下命令创建 Laravel 5，并安装 Laravel 到该目录：

```
composer create-project laravel/laravel laravel5
```

安装成功，如图 9-5 所示。

图 9-5　安装成功

提示：安装时会出现无法安装的情况，显示找不到 Laravel，如图 9-6 所示。

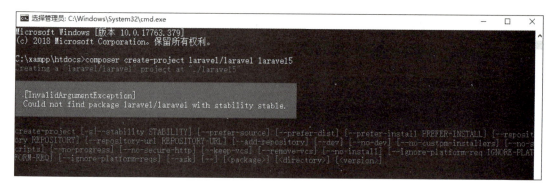

图 9-6　安装出现问题

解决方法：将 Composer 的镜像换成国内阿里云的。使用快捷键 Win + R 和命令"cmd"打开命令行窗口，并执行如下命令：

composer config - g repo. packagist composer
https://mirrors. aliyun. com/composer/

5. 检查是否安装成功

打开浏览器，输入"http://loaclhost/laravel5/public/"，显示如图 9-7 所示界面，即安装成功。

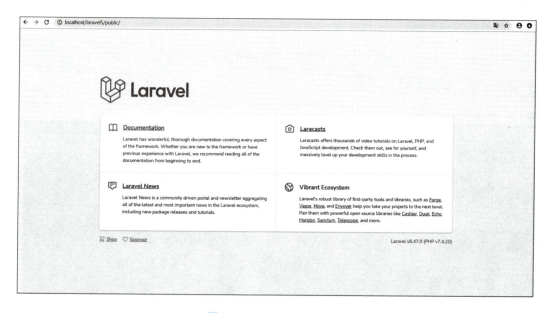

图 9-7　Laravel 安装成功

【任务拓展】

安装与配置 Homestead

Laravel 努力使整个 PHP 开发体验更加愉快，包括本地开发环境。Vagrant 提供了一种简单、优雅的方式来管理和配置虚拟机。Laravel Homestead 是一个官方预封装的 Vagrant Box，它提供了一个完美的开发环境，用户无须在本地安装 PHP、Web 服务器或任何服务软件。Vagrant Box 是完全一次性的，不用担心会损坏操作系统。如果有什么地方出错，可以在几分钟内销毁并重建该 Box。

Homestead 可以在任何 Windows、Mac 或 Linux 系统上运行，它包括了 Nginx Web 服务器、PHP 7.1、MySQL、PostgresSQL、Redis、Memcached、Node 及开发 Laravel 应用所需的东西。

请参照 https：//learnku.com/docs/laravel/5.5/homestead/1285 网址上的操作步骤完成 Homestead 的安装与配置。

任务 10　Laravel 框架的使用

【引例描述】

面对一个新的框架，需要了解其内部的结构及其使用方法。默认的 Laravel 应用程序结构旨在为大型和小型应用程序提供一个良好的起点。了解了 Laravel 内部结构以后，可以根据需要组织应用程序。Laravel 对任何给定类的位置几乎没有任何限制——只要 Composer 可以自动加载类。在开始使用 Laravel 时，许多开发人员对缺少 models 目录感到困惑。但是，缺少这样的目录是有意的。设计者发现"模型"这个词含糊不清，因为它对许多不同的人意味着许多不同的东西。一些开发人员将应用程序的"模型"称为其所有业务逻辑的整体，而其他开发人员将"模型"称为与关系数据库交互的类。出于这个原因，设计者默认将 Eloquent 模型放置在 app 目录中，同时也允许开发人员将它们放置在其他地方。

【任务陈述】

Laravel 作为一款开发框架，自然和其他框架一样，有自己的目录结构，并且 Laravel 的框架目录布置得尤其清晰，适用于各种类型的项目开发。要学习一个框架，最基本的是要了解它的原理及目录结构，知道 MVC 层分别在什么地方，资源在什么地方，基层类在哪里，包括扩展等。

本任务将逐个介绍 Laravel 的常用目录，并通过案例初步介绍 Laravel 的使用方法。

【知识准备】

Laravel 常用目录介绍

1. app 目录

app 目录包含的是所开发应用的核心代码，不是 Laravel 框架的核心代码。框架的核心代码在/vendor/laravel/framework 里面。此外，为应用编写的代码绝大多数也会放到 app 目录里。如果基于 Composer 进行 PHP 组件化开发，这里面存放的基本只是一些入口性的代码。

2. bootstrap 目录

bootstrap 目录包含了少许文件，用于框架的启动和自动载入配置。此外，还有一个 cache 文件夹，里面包含了框架为提升性能所生成的文件，如路由和服务缓存文件。

3. config 目录

config 目录包含了应用所有的配置文件，建议通读一遍这些配置文件，以便熟悉 Laravel 所有默认配置项。

4. database 目录

database 目录包含了数据库迁移文件及填充文件，如果使用 SQLite，还可以将其作为 SQLite 数据库存放目录。

5. public 目录

public 目录包含了应用入口文件 index.php 和前端资源文件（图片、JavaScript、CSS 等），该目录也是 Apache 或 Nginx 等 Web 服务器所指向的应用根目录。这样做的好处是隔离了应用核心文件直接暴露于 Web 根目录之下。如果权限系统没做好或服务器配置有漏洞，很可能导致应用敏感文件被黑客窃取，进而对网站安全造成威胁。

6. resources 目录

resources 目录包含了应用视图文件和未编译的原生前端资源文件（LESS、SASS、JavaScript），以及本地化语言文件。

7. routes 目录

routes 目录包含了应用定义的所有路由。Laravel 默认提供了四个路由文件用于给不同的入口使用：web.php、api.php、console.php 和 channels.php。

web.php 文件包含的路由都位于 RouteServiceProvider 所定义的 Web 中间件组约束之内，支持 Session、CSRF 保护及 Cookie 加密功能。如果应用程序无须提供无状态的、RESTful 风格的 API，那么路由基本上都要定义在 web.php 文件中。

api.php 文件包含的路由位于 API 中间件组约束之内，支持频率限制功能，这些路由是无状态的，所以请求通过这些路由进入应用需要通过 token 进行认证，并且不能访问 Session 状态。

console.php 文件用于定义所有基于闭包的控制台命令，每个闭包都被绑定到一个控制台命令并且允许与命令行 IO 方法进行交互，尽管这个文件并不定义 HTTP 路由，但是它定义了基于控制台的应用入口（路由）。

channels.php 文件用于注册应用支持的所有事件广播频道。

8. storage 目录

storage 目录包含了编译后的 Blade 模板、基于文件的 Session、文件缓存，以及其他由框架生成的文件。该目录被细分为成 app、framework 和 logs 子目录，app 目录用于存放应用生成的文件，framework 目录用于存放框架生成的文件和缓存，logs 目录存放的是应用的日志文件。

storage\app\public 目录用于存储用户生成的文件，比如可以被公开访问的用户头像。要达到被 Web 用户访问的目的，还需要在 public 目录（应用根目录下的 public 目录）下生成一个软连接 storage 指向这个目录。可以通过 php artisan storage：link 命令生成这个软链接。

9. tests 目录

tests 目录包含自动化测试文件，其中默认已经提供了一个开箱即用的 PHPUnit 示例。每

单元五　Laravel 框架

一个测试类都要以 Test 开头，可以通过 phpunit 或 php vendor/bin/phpunit 命令来运行测试。

10. vendor 目录

vendor 目录包含了应用所有通过 Composer 加载的依赖。

【任务实施】

使用 Laravel 开发表单应用

1. 注册路由

打开 laravel5\routes\web.php，注册应用所需要的两个网页路由：

```
Route::get('/convert', 'ConvertController@form');
Route::post('/calculate', 'ConvertController@calc');
```

2. 创建控制器

打开 laravel5\app\Http\Controllers，新建控制器文件 ConvertController.php。

```php
<?php
    namespace App\Http\Controllers;
    use Illuminate\Http\Request;
    class ConvertController extends Controller
    {
        /**
        * Show the conversion form
        *
        * @return \Illuminate\Http\Response
        */
        public function form()
        {
            return view('convertForm');
        }
        /**
        * Show the conversion form
        *
        * @return \Illuminate\Http\Response
        */
        public function calc()
        {
            return response()->json(['to'
            => round($_POST['from'] * $_POST['fromUnit']/
            $_POST['toUnit'], 2),
            ]);
```

129

        }
    }
?>

3. 创建模板页面

打开 laravel5\resources\views，创建新的模板页 convertForm.blade.php。

```html
<!doctype html>
    <html lang="{{ app()->getLocale() }}">
        <head>
            <meta charset="utf-8">
            <meta name="viewport" content="width=device-width, initial-scale=1">
            <title>Unit Converter</title>
            <!-- Fonts -->
    <link href="https://fonts.googleapis.com/css?family=Nunito:200,600" rel="stylesheet" type="text/css">
            <!-- Styles -->
            <style>
                html,body{
                    background-color:#fff;
                    color:#636b6f;
                    font-family:'Nunito', sans-serif;
                    font-weight:200;
                    height:100vh;
                    margin:0;
                }
                .full-height{
                    height:100vh;
                }
                .flex-center{
                    align-items:center;
                    display:flex;
                    justify-content:center;
                }
                .position-ref{
                    position:relative;
                }
                .top-right{
                    position:absolute;
```

```
                right:10px;
                top:18px;
            }
            .content{
                text-align:center;
            }
            .title{
                font-size:32px;
            }
            .links>a{
                color:#636b6f;
                padding:0 25px;
                font-size:12px;
                font-weight:600;
                letter-spacing:.1rem;
                text-decoration:none;
                text-transform:uppercase;
            }
            .m-b-md{
                margin-bottom:30px;
            }
        </style>
        <script
         src="https://code.jquery.com/jquery-3.3.1.min.js" integrity="sha256-FgpCb/KJQlLNfOu91ta32o/NMZxltwRo8QtmkMRdAu8=" crossorigin="anonymous"></script>
    </head>
    <body>
<div class="flex-center position-ref full-height">
    <div class="content">
        <div class="title m-b-md">
            Unit Converter
        </div>
        <div class="links">
<form id="convertForm" method="POST" action="calculate">
        @csrf
    <input id="from" name="from" placeholder="From"
        type="number">
    <select id="fromUnit" name="fromUnit">
```

```html
            <option value="25.4">Inch</option>
            <option value="304.8">Foot</option>
            <option value="1">Millimeter(mm)</option>
            <option value="10">Centimeter(cm)</option>
            <option value="1000">Meeter(m)</option>
        </select>
        <br/>
        <input id="to" placeholder="To" type="number"
            disabled>
        <select id="toUnit" name="toUnit">
            <option value="25.4">Inch</option>
            <option value="304.8">Foot</option>
            <option value="1">Millimeter(mm)</option>
            <option value="10">Centimeter(cm)</option>
            <option value="1000">Meeter(m)</option>
        </select>
        <br/>
        <button type="submit">Calculate</button>
    </form>
        </div>
        </div>
</div>
<script>
$("#convertForm").submit(function(event){
    //Stop form from submitting normally
    event.preventDefault();
    //Get some values from elements on the page:
    var $form=$(this),
        t=$form.find("input[name='_token']").val(),
        f=$form.find("#from").val(),
        fU=$form.find("#fromUnit").val(),
        tU=$form.find("#toUnit").val(),
        url=$form.attr("action");
        //Send the data using post
        var posting = $.post(url,{_token:t, from:f, fromUnit:fU, toUnit:tU });
        //Put the results in a div
        posting.done(function(data){
        $("#to").val(data.to);
```

单元五 Laravel 框架

```
        });
    });
</script>
</body>
</html>
```

4. 运行该应用

打开浏览器，输入"localhost/laravel5/public/convert"，出现如图 10-1 所示界面。

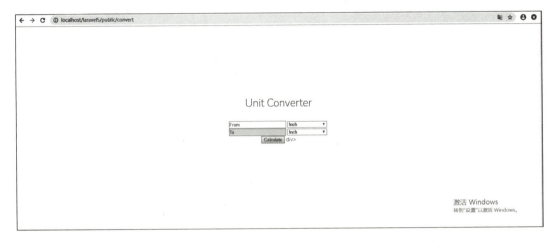

图 10-1 应用运行成功

提示：运行程序时可能会出现图 10-2 所示的找不到控制器的情况。

图 10-2 应用运行报错

解决方法：打开 laravel5\app\Providers\RouteServiceProvider.php，在文件里找到 protected $namespace =' App \\ Http \\ Controllers '，如果有注释，就把注释去掉。如果找不到这句代码，就手动添加上这一句。

【任务拓展】

模型－视图－控制器（MVC）

Laravel 应用程序结构有一个应用程序目录 app，它含有三个子目录：models、views 和 controllers。这就透露了 Laravel 遵循 model－view－controller（MVC）架构模式，即强制将输入到展示逻辑关系的"业务逻辑"与图形用户界面（GUI）分开。就 Laravel Web 应用而言，业务逻辑通常由用户、博客文章这样的数据模型组成。GUI 只是浏览器中的网页而已。

请说明 MVC 的具体内容及其优势。通过对 Laravel 框架结构的分析，描述 Laravel 框架中 MVC 模式的工作流程。

单元六
综合项目实战

学习目标

1. 了解微网站的概念。
2. 掌握使用 PHP 开发微网站项目的方法。
3. 掌握基于 Laravel 框架开发项目的步骤。
4. 掌握微网站项目的部署方法。

任务 11　购物网站的搭建与部署

【引例描述】

微网站源于 Web App 和网站的融合创新，兼容 iOS、Android 等各大操作系统，可以方便地与微信、微博等应用连接，适应移动客户端浏览，是注重浏览体验与交互性能要求的新一代网站。微网站开发带来的经营销模式，更适应现代网站的发展模式，所以微网站的开发也具有更好的商业营销效果。将企业微网站植入微信公众平台，关注公众平台即可访问网站，在保留公众平台所有优势的前提下，提升展示形象，更好地与客户互动。所以，在移动客户端对浏览体验与交互性能的要求下，以微网站开发技术来展示企业产品的方式更加灵活，也更易被接受。企业通过在微网站上发布产品和服务，让顾客了解自己，并通过后续的跟进，达成成交的关系。这是微网站的另一大好处，移动互联网交易因其便捷的特性而快速、蓬勃地发展起来。

【任务陈述】

微信公众号开发必须是 80 端口或者 443 端口，如果有云服务器主机，一切都好办；如果没有，需要找到备选方案。

本任务将为大家详细介绍微网站的搭建与部署步骤。

【知识准备】

环境准备

1. 软件环境

对于 PHP 开发语言来说,其环境的搭建已经不再复杂,主要得益于现在越来越多的集成环境发布。为了丰富 PHP 集成环境的使用,本任务使用 PHPStudy 进行购物网站的部署。PHPStudy 是一个 PHP 调试环境的程序集成包,包括 Apache、PHP、MySQL、PHPMyAdmin 等。一次性安装,无须配置即可使用,是非常方便、好用的 PHP 调试环境。同时,该程序还包括了开发工具、开发手册等。

2. 购物网站的数据库

本任务中的购物网站实现了购物类网站的基本功能,数据库中包含了 address 表、list 表、lunbo 表、order 表、product 表、type 表、users 表。本案例为交流学习案例,在设计中留有可扩展与可完善的地方,希望读者通过部署与测试本案例,发现需要完善的地方,进而完成本任务的项目实训。

【任务实施】

1. 运行环境搭建

(1) phpStudy 下载与安装

①在 https://www.xp.cn/ 上下载 PHPStudy 对应的版本,如图 11-1 所示。

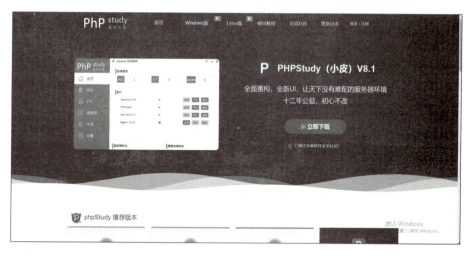

图 11-1　PHPStudy 下载

②解压安装包后,双击 phpstudy_x64_8.1.1.2.exe,安装在本地目录,如 E:\phpstudy_pro,如图 11-2 所示。建议在安装前先创建文件夹,此文件夹为 PHP 项目的运行目录。

(2) PHPStudy 的配置

①打开 PHPStudy 操作界面,下载所有需要的软件,在"Web Servers"选项卡中选择安装 Apache 或 Nginx,如图 11-3 所示。如果默认安装好的版本不符合要求,可以直接安装新版本。

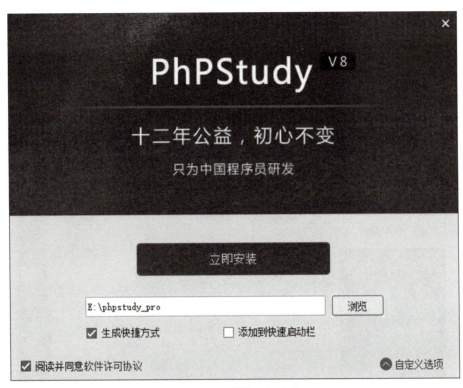

图 11-2　PHPStudy 安装

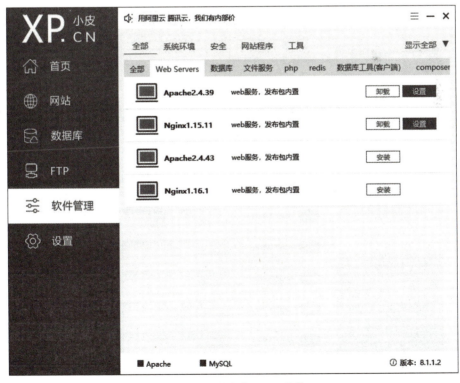

图 11-3　Web Servers 安装

②在"数据库"选项卡中选择安装 MySQL，如图 11-4 所示。

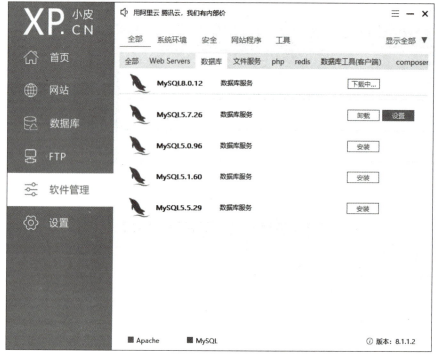

图 11-4　数据库安装

③在"php"选项卡中选择安装的版本，如图 11-5 所示。

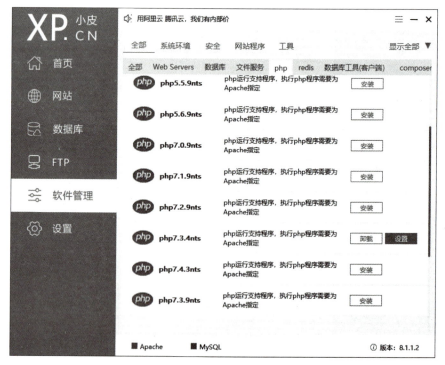

图 11-5　PHP 安装

④在"首页"选项卡中启动套件环境，可根据实际需要设置一键启动，如图11-6所示。将鼠标移至WNMP的红点处，提示"切换"，单击后进入"一键启动选项"界面。返回"首页"选项卡后，单击WNMP的"启动"按钮即可启动相应服务。

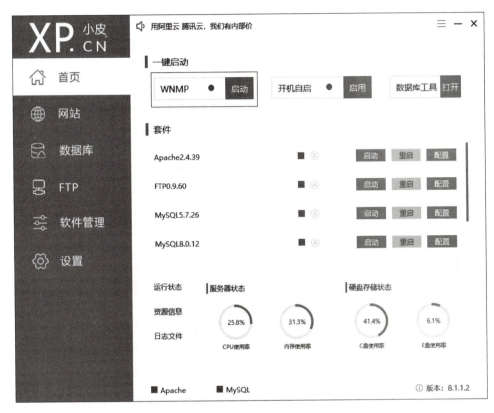

图11-6 设置一键启动

⑤如果需要修改端口号，选择"网站"选项卡，如图11-7所示。单击"管理"按钮，在弹出的下拉框中选择"修改"，打开网站配置页面，如图11-8所示。修改完成后，Apache或Nginx会自动重启。

⑥导入购物网站的数据库。

选择"数据库"选项卡，单击"创建数据库"按钮，新建数据库（首次使用时需修改root数据库的密码），如图11-9所示。

在弹出的图11-10所示页面中，根据项目的数据库设置来输入数据库名称、用户名、密码，本案例使用的数据库名称为graduate，用户名为gyf，密码为symissb。

在建好的数据库后面单击"操作"按钮，在弹出的下拉框中选择"导入"，打开如图11-11所示页面。单击"浏览"按钮，选择本案例的数据库文件。

2. 微信开发工具注册

①在WWW根目录下新建graduate文件夹，并将graduate.rar解压后放入其中。本任务以E:\phpstudy_pro\WWW路径为例，如图11-12所示。

图 11-7 网站管理

图 11-8 网站信息修改

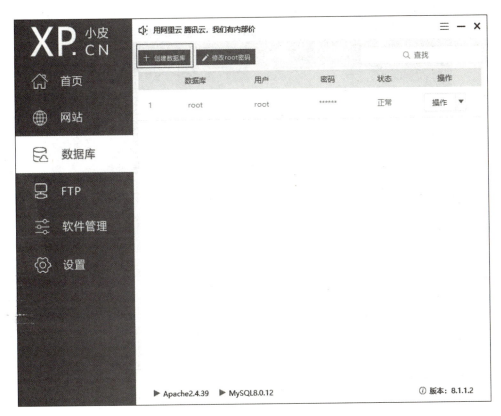

图 11-9 创建数据库

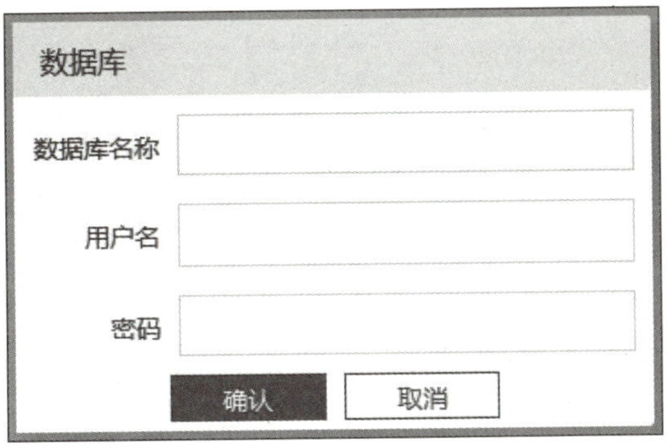

图 11-10 填写数据库信息

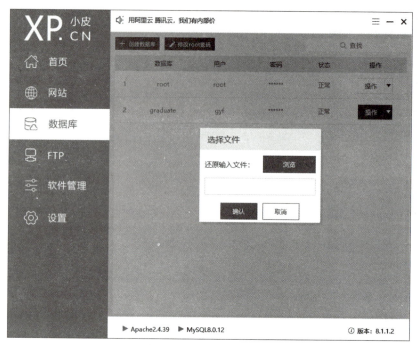

图 11 –11　导入数据库

名称	修改日期	类型	大小
.idea	2021/5/8 21:56	文件夹	
app	2021/5/8 20:33	文件夹	
bootstrap	2021/5/8 20:31	文件夹	
config	2021/5/8 20:31	文件夹	
database	2021/5/8 20:31	文件夹	
public	2021/5/8 21:03	文件夹	
resources	2021/5/8 20:33	文件夹	
routes	2021/5/8 21:50	文件夹	
storage	2021/5/8 20:32	文件夹	
tests	2021/5/8 20:32	文件夹	
vendor	2021/5/8 20:32	文件夹	
.editorconfig	2020/5/6 19:21	EDITORCONFIG ...	1 KB
.env	2021/5/8 20:42	ENV 文件	1 KB
.env.example	2020/5/6 19:21	EXAMPLE 文件	1 KB
.gitattributes	2020/5/6 19:21	文本文档	1 KB
.gitignore	2020/5/6 19:21	文本文档	1 KB
.styleci.yml	2020/5/6 19:21	YML 文件	1 KB
artisan	2020/5/6 19:21	文件	2 KB
composer.json	2021/2/20 11:43	JSON 文件	2 KB
composer.lock	2021/2/20 11:43	LOCK 文件	253 KB
laravel-echo-server.json	2021/3/2 0:29	JSON 文件	1 KB
package.json	2021/3/4 23:15	JSON 文件	2 KB
package-lock.json	2021/3/4 23:15	JSON 文件	452 KB
phpunit.xml	2020/5/6 19:21	XML 文档	2 KB
README.md	2020/5/6 19:21	MD 文件	5 KB
server.php	2020/5/6 19:21	PHP 文件	1 KB
webpack.mix.js	2020/5/6 19:21	JavaScript 文件	1 KB

图 11 –12　案例目录

②在微信公众平台官网的"小程序"栏目中下载微信开发者工具,网址为 https://developers.weixin.qq.com/miniprogram/dev/devtools/download.html。这里选择下载的是"稳定版 Stable Build",如图 11-13 所示。

图 11-13　微信开发工具下载

③单击"wechat_devtools_1.05.2105170_x64.exe"进行安装,如图 11-14 所示。安装过程中需要记住安装路径,以便后期找到运行程序。

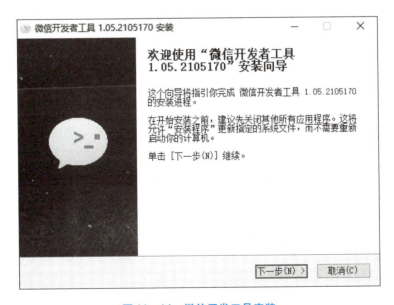

图 11-14　微信开发工具安装

④在"安装完成"页面,保持勾选"运行微信开发者工具",如图 11-15 所示。单击

"完成"按钮,打开如图 11-16 所示扫码登录页面。

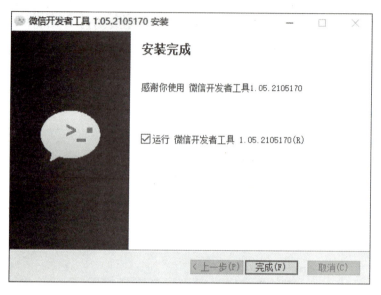

图 11-15　微信开发工具安装完成

⑤使用手机端微信扫描图 11-16 所示的二维码,登录开发者工具。

图 11-16　扫码登录

⑥注册微信测试公众号。

在浏览器地址栏中输入网址"https://mp.weixin.qq.com/debug/cgi-bin/sandboxinfo?action=showinfo&t=sandbox/index",打开如图 11-17 所示登录页面。单击"登录"按钮,打开扫码注册页面,使用手机微信端扫码完成注册。

在图 11-18 页面中查看 appID 和 appsecret,并将其复制粘贴到本案例".env"文件中的相应位置,如图 11-19 所示。

单元六 综合项目实战

图 11-17　注册微信测试公众号

图 11-18　查看 appID 和 appsecret

图 11-19　粘贴 appID 和 appsecret

145

3. 创建测试网址

微网站开发需要使用域名地址和 80 端口，本案例使用 NATAPP 工具进行了地址映射。因为 NATAPP 提供免费隧道购买，但实名认证过程需要姓名、身份证号码、支付宝授权。因此，此方法仅供学习交流，请读者根据实际情况决定是否需要使用 NATAPP 工具。

①在 https：//natapp. cn/中根据实际需要下载内网穿透工具 NATAPP，如图 11 – 20 所示。

图 11 – 20 选择 NATAPP 版本

②在 https：//natapp. cn/register 中注册 NATAPP 账号，如图 11 – 21 所示。

图 11 – 21 注册 NATAPP 账号

注册后可通过"账户信息"查看注册信息,如图 11-22 所示。

图 11-22　查看 NATAPP 账号

③在"实名认证"选项菜单中输入姓名与身份证号,逐步完成实名认证,如图 11-23 所示。

图 11-23　NATAPP 实名认证

④在"购买隧道"选项菜单中完成免费隧道购买,购买完成后,列表中会出现一个免费隧道信息,如图 11-24 所示。

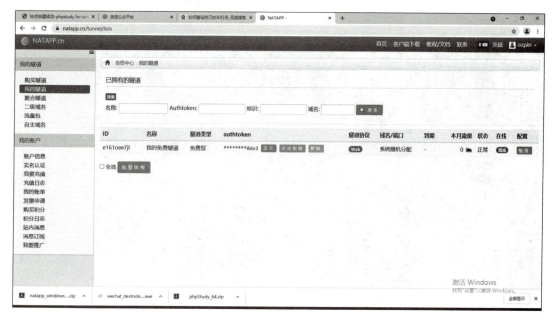

图 11-24　NATAPP 免费隧道

⑤单击"单击复制"按钮，即可获得 authtoken（隧道登录凭证）。

⑥在 https：//natapp. cn/article/config_ini 中下载配置文件，并放到 natapp. exe 的同级目录中。

⑦使用记事本工具编辑 config_ini 文件，将在 NATAPP 网址中复制的 authtoken 粘贴到相应位置，如图 11-25 所示。保存后直接运行 natapp. exe 即可，运行成功界面如图 11-26 所示。图 11-26 中的域名即映射后的地址。

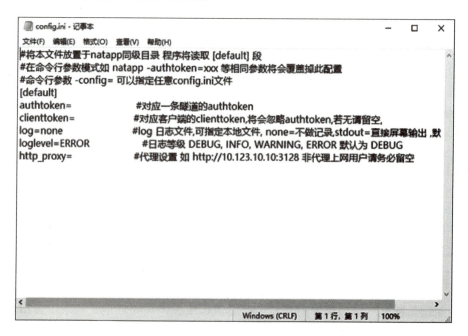

图 11-25　config_ini 设置

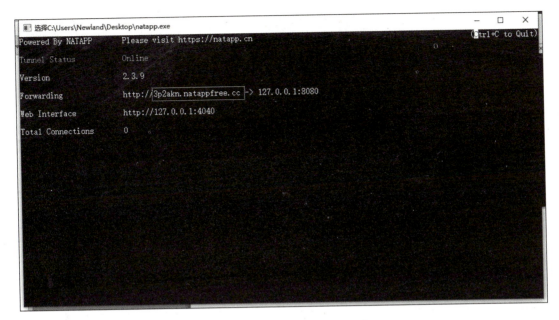

图 11 – 26　natapp.exe 运行成功

4. 配置测试公众号

①查阅图 11 – 26 中的网址,以便配置测试公众号使用。

②再次回到下面网址中的页面 https://mp.weixin.qq.com/debug/cgi-bin/sandboxinfo?action=showinfo&t=sandbox/index,将图 11 – 26 中的网址录入测试平台并单击"提交"按钮,如图 11 – 27 所示。

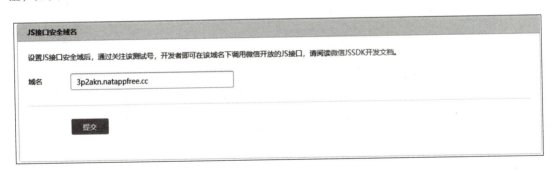

图 11 – 27　JS 接口安全域名配置

③在该网页中找到"体验接口权限表"模块,在"网页服务"栏目的"网页账号"项后单击"修改按钮"按钮,配置"授权回调页面域名",如图 11 – 28 所示。

④在该网页中找到"测试号二维码"模块,使用手机端微信 App 扫描二维码关注此测试公众号。

⑤在 E:\phpstudy_pro\WWW\graduate\routes 路径中找到 web.php 文件。打开 web.php 文件,在图 11 – 29 所示位置上分别将微信公众平台上的 appID、NATAPP 上的 authtoken 替换进去。

⑥将"案例源码"文件夹中的 .crt 文件放入 E:\phpstudy_pro\Extensions\php 路径下。

图 11-28　授权回调页面域名配置

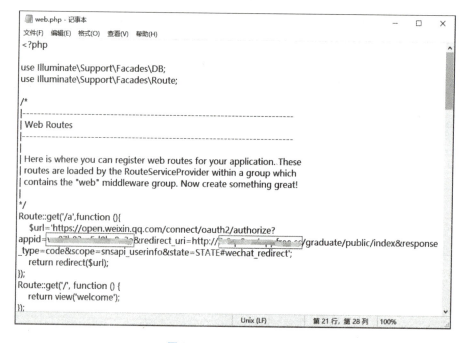

图 11-29　配置 web.php

⑦在 phpStudy 的"设置"选项卡中选择"配置文件"内的"php.ini"选项，如图 11-30 所示。

⑧单击图 11-30 中框内的配置文件，在打开的 php.ini 配置文件中查找"curl"，修改 curl.cainfo 并将行首的分号去掉，如图 11-31 所示。

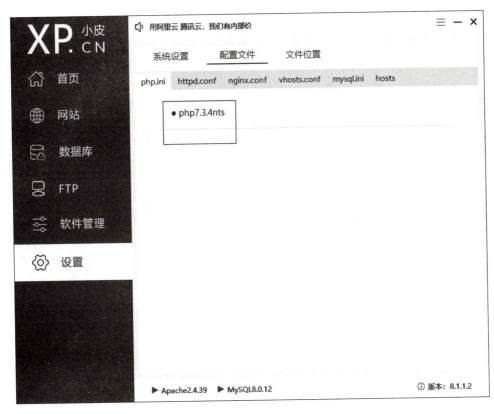

图 11-30 配置文件

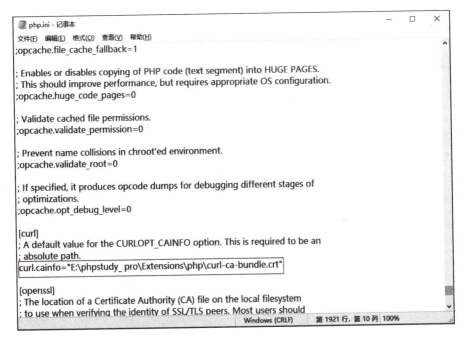

图 11-31 修改 curl.cainfo

⑨保存并关闭 php.ini 配置文件后，重新启动 Apache 服务。

⑩打开微信开发者工具并扫码登录，单击"公众号网页"菜单，在地址栏中输入 http://3p2akn.natappfree.cc/graduate/public/a 即可浏览购物网站，如图 11-32 所示。其中"3p2akn.natappfree.cc"为 NATAPP 中映射的域名地址，请根据实际情况修改。

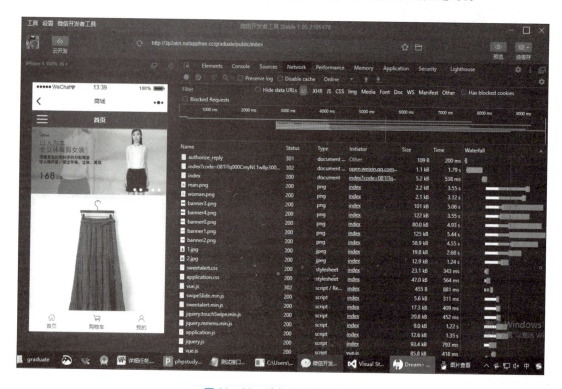

图 11-32 购物网站部署成功

【任务拓展】

测试与完善购物网站

本任务所部署的购物网站，在数据库中设置了 address 表、list 表、lunbo 表、order 表、product 表、type 表、users 表等数据表。

请对购物网站进行试用与测试，列出数据库设计的不完善之处。通过对数据库的修改、对数据的增删改查，体验基于 Laravel 框架的微网站开发过程。

参 考 文 献

［1］钱兆楼，刘万辉. PHP 动态网站开发实例教程［M］. 北京：高等教育出版社，2018.
［2］Kromann F M. Beginning PHP and MySQL：from novice to professional［M］. Apress，2018.
［3］Dockins K. Design Patterns in PHP and Laravel［M］. Apress，2017.
［4］Stauffer M. Laravel：Up & Running：A Framework for Building Modern PHP Apps［M］. O'Reilly Media，2019.